Grundlagen der Arbeitsorganisation im Betriebe

mit besonderer Berücksichtigung der Verkehrstechnik

Von

Dr.-Ing. Johannes Riedel

Mit 12 Textfiguren

Berlin
Verlag von Julius Springer
1920

ISBN-13: 978-3-642-90303-8 e-ISBN-13: 978-3-642-92160-5
DOI: 10.1007/ 978-3-642-92160-5

Dem Andenken

meines Vaters

gewidmet!

Vorwort.

Die vorliegenden Ausführungen sind im wesentlichen in den Jahren 1916 und 1917 neben Berufsarbeit und Heeresdienst entstanden und zunächst im Sommer 1918 abgeschlossen worden, Infolge der Ungunst der Verhältnisse kommen sie erst jetzt zum Druck. Inzwischen hat sich in der Welt vieles geändert; die Arbeitsorganisation hat in den letzten Kriegsjahren praktisch wie theoretisch bedeutende Fortschritte erzielt, das Verständnis weiterer Kreise hat sich gehoben.

So liegt die Frage nahe, ob der Inhalt dieser Schrift nicht ganz oder teilweise überholt sei. Ihre Hauptgedanken waren:

1. Feststellung der Grundsätze für die Organisation menschlicher Arbeit überhaupt.
2. Kennzeichnung von Aufgaben, Stellung und methodischem Aufbau einer praktischen Wissenschaft von der Arbeit (Arbeitskunde).
3. Betonung der Wichtigkeit von Arbeitsuntersuchungen für die Verkehrstechnik.
4. Ausführung eines Beispiels — des städtischen Schnellbahnverkehrs — zur Erläuterung der Bedeutung solcher Untersuchungen.

Bis auf den ersten von ihnen, der als Einleitung notwendig war, haben sie auch heute noch keine genügende Bearbeitung gefunden, so daß das hier Gebotene immerhin Neues bringt. Aus den gleichen Gründen waren auch Umarbeitungen größerer Teile bzw. längere Ergänzungen im Text nicht notwendig. Wohl aber ist das Literaturverzeichnis in mancher Beziehung verändert werden.

Von einer Wiedergabe der Literatur in Anmerkungen habe ich absichtlich abgesehen. Es wird dadurch nur die Aufmerksamkeit vom Wesentlichen — und das ist der allgemeine Gedankengang, nicht diese oder jene Einzelheit! — abgelenkt.

Den Herren Geh. Hofrat Prof. Lucas, Prof. Dr. Gehrig in Dresden und Prof. Dr. Felix Krueger in Leipzig danke ich für ihre Förderung der Arbeit auch an dieser Stelle herzlich.

Dresden, im Januar 1920.

Johannes Riedel.

Inhaltsverzeichnis.

Erster Teil.

Erster Teil.

Einleitung.

Man sagt, daß die Fragen der Organisation in unserer Zeit eine besondere Rolle spielen. Was heißt dabei Organisation? Das Wort selbst gibt uns Antwort: es kommt von Organ, d. h. Glied, Organismus d. h. Gesamtheit der Glieder, die eine Einheit ist. Organisation bedeutet demnach Gliederung eines Ganzen, das keine bloße Summe von Gliedern, sondern eben eine Einheit ist.

Organisieren ist eine Kunst. Wahre Kunst läßt sich weder lernen noch lehren, wohl aber gibt es in jeder Kunst Gesetze und Regeln, also gewisse Wahrheiten, auf die sich das schöpferische Schaffen aufbaut. So auch hier in der Organisation: Des Organisators Stärke ist seine Phantasie, ohne gründliche Beherrschung der Grundlagen ist sie aber wertlos. Eine wissenschaftliche Behandlung dieser Grundlagen ist möglich, damit, aber nur in diesen Grenzen, eine wissenschaftliche Bearbeitung von Organisationsfragen überhaupt. Von ihr soll im folgenden die Rede sein.

Grundlage jeder Betriebsorganisation ist die Kenntnis von der Leistungsfähigkeit der zur Verfügung stehenden Mittel. Diese Mittel sind erstens technische Einrichtungen, Maschinen oder bauliche Anlagen, zweitens die menschlichen oder tierischen Arbeitskräfte. Was eine rein technische Anlage vorübergehend oder dauernd leisten kann und was sie verbraucht, läßt sich mit fast mathematischer Sicherheit vorher feststellen. Es kann z. B. für eine Kraft- oder Werkmaschine: die Normalleistung, die Höchstleistung, der Grad ihrer Abnutzung und der zu ihrer Leistung erforderliche Energiebedarf, für eine bauliche Anlage: Tragfähigkeit, Fassungsvermögen oder Abnutzung angegeben werden. Daraus folgt dann die Möglichkeit, die für den Betrieb notwendigen Leistungs- und Kostenberechnungen vorzunehmen.

Schwieriger liegen die Dinge schon dort, wo es sich darum handelt, die tierischen Arbeitsleistungen rechnerisch zu erfassen. Das Problem würde noch weit schwerer zu lösen sein, wenn nicht nur zwei Leistungsarten, Ziehen und Tragen, in Betracht kämen. Die Leistung hängt hierbei zunächst nur von der Last oder den Widerständen der Bewegung, die sich in Last umrechnen lassen, und von der Länge der Arbeitszeit ab, sie läßt sich also stets durch mkg oder mkg/sec ausdrücken. Außer diesen Veränderungen der Leistung spielen die Veränderungen der Leistungsfähigkeit mit. Auf sie ist Rasse, Fütterung, Stall usw. von Einfluß. Wieviel Studienmaterial darüber gesammelt worden und wie weit die Untersuchung und die Auswertung der Ergebnisse schon fortgeschritten ist, ist für uns belanglos. Es verdient aber hervorgehoben zu werden, daß die Untersuchungsmöglichkeiten bei den Tieren insofern viel günstiger als beim Menschen sind, als das ganze Leben in und außer der Arbeit der Kontrolle des Beobachters unterworfen ist, mithin in vorbildlicher Weise im Sinne der größten Ausnutzung der Arbeitskraft kontrolliert und geregelt werden kann.

Noch viel größere Schwierigkeiten stellen sich nun aber der Einschätzung der menschlichen Arbeitsleistungen entgegen, der eigentlichen Grundlage der Arbeitsorganisation. Zunächst herrscht da eine unendlich viel größere Verschiedenheit der zu leistenden Arbeiten. Selbst wenn alle Tätigkeiten des Menschen in Gruppen gleichartiger Verrichtungen zerlegt werden, bleibt noch eine solche Fülle von Spielarten der Leistung, daß ein besonderes wissenschaftliches Studium dafür notwendig ist. Hinzu kommt zweitens die notwendig werdende Berücksichtigung psychischer Momente, die am schärfsten in der Rücksicht auf den Willen des Arbeitenden zum Ausdruck kommt. Drittens endlich stellen sich einer Zusammenfassung mehrerer Menschen zu Gruppen, entsprechend den Tierrassen, infolge der außerordentlich starken Rassenmischung bedeutende Schwierigkeiten entgegen. Nur für wenig Fragen ist eine solche Zusammenfassung möglich, in der Mehrzahl der Fälle sind wir allein auf die Untersuchung des Individuums angewiesen.

Diese verschiedenen Schwierigkeiten haben zur Folge gehabt, daß ein planmäßiges Studium der menschlichen Arbeitsleistung erst in neuester Zeit eingesetzt hat. Jetzt, wo die intensive Ausnutzung der technischen Gegebenheiten sich einer gewissen Grenze nähert, die zu überschreiten praktisch untunlich ist, beginnt sich die Öffentlichkeit mehr mit den Leistungsfragen des Menschen zu beschäftigen, vielleicht aus dem vielfach noch unbewußten Gedanken heraus, daß hier noch ungeahnte Möglichkeiten, große und wichtige Zukunftsaufgaben für Kultur und Zivilisation liegen. Wesentlich hat dazu auch der Krieg beigetragen mit der Erkenntnis, daß im späteren Wettbewerb der Völker die Leistungsfrage die ausschlaggebende Rolle spielen wird, da die technischen Kampfmittel annähernd die gleichen sind.

I. Der energetische Imperativ im Arbeitsbetrieb.

Alle auf Arbeitsorganisation gerichteten Bestrebungen wollen den energetischen Imperativ: Vergeude keine Energie, verwerte sie! auf die menschliche Arbeitsleistung anwenden. Diese Anwendung ist möglich:

1. auf die Arbeitsleistung des einzelnen, mag sie im Zusammenhang mit andern Arbeitsleistungen stehen oder nicht. Beispiel dafür ist die Tätigkeit eines Drehers an seiner Drehbank, eines Maurers beim Mauern, eines Fliegers im Flugzeug.
2. auf das Zusammenwirken der Arbeitsleistungen mehrerer Arbeiter zu einem Ganzen, einem Arbeitsbetrieb. Beispiele sind die Zünderfabrikation mit ihren verschiedenen Einzelvorrichtungen, oder die Fahrt eines Dampfers mit den verschiedenen dazu notwendigen einzelnen Tätigkeiten.
3. auf das Zusammenspiel aller Arbeitsvorgänge einer überbetrieblichen Gemeinschaft z. B. eines Volkes oder letzten Endes der Menschheit überhaupt.

Um von vornherein Mißverständnisse auszuschließen, soll gleich hier hervorgehoben werden, daß unter Arbeit sowohl die geistige wie die körperliche Arbeit im landläufigen Sinne und unter Arbeiter jeder Arbeitende, also durchaus nicht nur der „vierte Stand“, verstanden werden soll.

In dem energetischen Imperativ steckt zunächst noch

etwas, was zu Unklarheiten Anlaß geben könnte. Vergeuden und verwerten setzen nämlich eine Bewertung voraus; man ist also versucht, an sie ein Stück Werttheorie anzuknüpfen. Das würde aber zu weit führen — so notwendig es an sich für eine zielbewußte menschenökonomische Politik, etwa des Staates, sein mag! — wir können uns also darauf beschränken, das Ziel der Leistung als gegeben hinzunehmen. Daraus folgt dann stets, was für die Erreichung dieses Zieles als wertvoll anzusehen ist.

Wir haben uns somit immer nur mit dem Weg zum Ziel, zum geforderten Leistungsergebnis, zu befassen, müssen also stets die Frage beantworten: Wie läßt sich das und das Ziel mit dem geringsten Aufwand von menschlicher Arbeitskraft erreichen? Es ist das die Frage nach dem geringsten Verbrauch menschlicher Arbeitsenergie bei gegebenen Zielen. Aus dieser so gestellten Aufgabe erwachsen im einzelnen vier Forderungen:

1. Es darf durch die Arbeit kein Menschenleben vernichtet werden.
2. Es darf durch die Arbeit die Leistungsfähigkeit nicht verringert werden.
3. Es darf keine unnütze Arbeit verrichtet werden.
4. Es müssen alle die Leistung fördernden Momente ausgenutzt, alle sie hemmenden Momente ausgeschaltet werden.

Diese vier Forderungen sind diejenigen Aufgaben der Menschenökonomie, die sich bei der Arbeit selbst lösen lassen, sie fallen in das Gebiet der Organisation von Arbeitsbetrieben, während die überbetriebliche Gemeinschaft, „die Allgemeinheit“, auch noch andere Aufgaben in Angriff nehmen kann und muß: die Züchtung geeigneter Arbeitskräfte, ihre Erziehung, Wohnungs- und Ernährungsfragen usw.

Die Forderungen sind nunmehr noch zu erläutern:

1. Es darf durch die Arbeit kein Menschenleben vernichtet werden! Der Satz folgt aus der Erkenntnis, daß der Mensch wertvollere Arbeit leistet als die toten Naturkräfte, und zwar deshalb, weil seine Arbeit durch die der Naturkräfte in vielen Fällen nicht ersetzt werden kann, während das Umgekehrte möglich ist. Das bedeutet: Jedes Menschenleben ist unersetzbar, Verluste an Menschenleben sind deshalb unbedingt zu vermeiden! Menschenleben sollen also niemals eingesetzt

werden. Etwas anderes ist es, daß unter Umständen Menschenleben aufs Spiel gesetzt werden müssen. Während nämlich beim Einsetzen mit der Gewißheit des Verlustes zu rechnen ist, besteht beim Aufsspielsetzen nur die Möglichkeit des Verlustes. Wo mit solcher Möglichkeit gerechnet werden muß, soll aber alles getan werden, um nach menschlichem Ermessen einer Vernichtung von Menschenleben vorzubeugen. Die Beurteilung, wo Menschenleben aufs Spiel gesetzt werden müssen, gehört nicht hierher, sie hängt vom Wert des zu erreichenden Zieles ab. Für uns kommt lediglich in Frage, die Arbeitsverhältnisse so einzurichten, daß Verluste von Menschenleben unter den Arbeitern oder unter unbeteiligten Dritten so gering wie möglich gehalten werden. Diese Verluste brauchen durchaus nicht immer plötzlich aufzutreten, also Unfälle zu sein, auch die in kurzer Zeit zum Tode führenden schweren Gesundheitsschädigungen, z. B. die Einwirkung giftiger Gase, fallen darunter. Diese Erkenntnis leitet schon über zur zweiten Forderung.

2. Es darf durch die Arbeit die Leistungsfähigkeit nicht verringert werden! Vergleichen wir die Fähigkeit des Menschen, Arbeit zu leisten, mit einem Kapital und seine Arbeit mit dessen Zinsen, so besagt diese Forderung: wir dürfen nur von den Zinsen leben, das Kapital aber unter keinen Umständen angreifen. Nun drängt unser ganzes Wirtschaftsleben auf eine möglichst intensive Ausnutzung der Arbeitskraft, auf möglichste Steigerung der Leistungen. Leicht wird da die Grenze, wo die Zinsen erschöpft sind und wo man bereits das Kapital angreifen muß, übersehen. Hat die Ausnutzung ihr höchstes Maß erreicht, ist aber gleichwohl noch eine weitere Steigerung der Leistung erforderlich, so gibt es eben nur ein Mittel: die Leistungsfähigkeit zu steigern, also das Kapital zu erhöhen. Das ist natürlich möglich, ohne daß die geringste Schädigung des Organismus eintritt. Im Gegenteil, die Maßnahmen, die dem Menschen eine erhöhte Arbeitskraft geben, kommen überhaupt seiner ganzen Lebenskraft zugute. Mittel zu solcher Steigerung sind z. B. eine den Lehren der Hygiene entsprechende Gestaltung von Wohnung, Kleidung und Ernährung.

Da nun die Bestimmung der Grenze, wo eine Arbeit schädlich wird, mit großen Schwierigkeiten verknüpft ist, bleibt stets das sicherste Mittel zur Abhilfe das, alle die Tätigkeiten, die schon im normalen Betrieb möglicherweise zu Schädigungen führen können, allmählich dem Menschen abzunehmen und auf die technischen Apparate zu übertragen. Als Beispiel für dieses Streben nennen wir die Vervollkommnung unserer Hebe- und Transportmaschinen.

Die Grenze, wo die Steigerung der Leistung in Überanstrengung übergeht, ist außerordentlich schwer zu bestimmen, vor allem für einen Laien in physiologischen und medizinischen Fragen, wie es doch mehr oder weniger die meisten Arbeitsorganisatoren sind. Auch Taylor, dem Meister der technischen Organisation, ist es nicht überall gelungen, ein Überschreiten der Grenze zu vermeiden. Die Beurteilung, wo diese Grenze liegt, ist umso schwieriger, als die Überanstrengungen auf dem einen Gebiet häufig auf einem ganz andern Gebiete in Erscheinung treten, so machen sich z. B. die Überbeanspruchungen des Körpers mitunter nur auf nervösem Gebiete bemerkbar.

3. Es darf keine unnütze Arbeit geleistet werden! Diese Forderung bedeutet etwas wesentlich Organisatorisches. Eigentlich sollte sich die Vermeidung unnützer Arbeit von selbst verstehen, doch lehrt ein Blick in jede beliebige menschliche Tätigkeitsgruppe, daß nutzlose Arbeit noch in recht erheblichem Umfange geleistet wird. Wenn wir unter nützlicher Arbeit solche verstehen, deren Wert in dem Erreichen von Zielen liegt, also Tätigkeiten mit einem äußern Zweck, so führt unsere Forderung leicht zu dem Mißverständnis, als ob der Mensch nur solche Arbeit leisten dürfe und als ob jede Tätigkeit, die Selbstzweck ist, zu verwerfen sei. Das ist natürlich nicht richtig, denn menschlicher Genuß, Spiel und Sport z. B. ist zum Teil Arbeit mit Selbstzweck, d. h. mit Zweck in uns. Wir verstehen unter nutzloser Arbeit vielmehr nur eine Arbeit, die bewußt oder unbewußt als notwendig zur Erreichung eines Zieles angesehen wird, ohne es im geringsten zu sein. Das bekannteste Beispiel dafür ist die Tätigkeit mancher Verwaltungsbetriebe, die wir heute noch vielfach wegen ihrer Unzweckmäßigkeit bewundern können. In manchen Fällen ist die Ursache der Arbeitsvergeudung in der festgesetzten langen Arbeitszeit, die unbedingt ausgefüllt werden muß, zu suchen. Was Kraepelin für den Schüler ausgeführt hat: daß eine an-

gespannte Arbeit während der ganzen Unterrichtszeit zum sichern Zusammenbruch führen müßte, gilt ganz allgemein für sehr viele Arbeiten im Beruf. Es ist daher leicht erklärlich, daß eine Verkürzung der Arbeitszeit häufig zu einer Steigerung der Leistung führt.

4. Es müssen alle die Leistung fördernden Momente ausgenutzt, alle sie hemmenden Momente ausgeschaltet werden! Es ist begreiflich, daß fast jeder Betriebsleiter heutzutage glaubt, er handele bereits nach diesem Grundsatz. Eigentlich hat uns erst Taylor in großem Umfange darüber die Augen geöffnet, wie unendlich viel da noch zu erreichen ist — durch planmäßige Arbeit. Das ist nämlich das Wesentliche dabei, daß sich die Möglichkeiten des Fortschrittes auf dem Gebiete der Leistungsverbesserung und der Verhütung der Leistungsschädigung nur bei sorgsamster aber zugleich großzügiger Kleinarbeit offenbaren. Kleine Ursachen, große Wirkungen! ist das Leitwort für diesen Teil der Aufgabe.

Im einzelnen fordert dieser 4. Grundsatz dreierlei:

a) Jede Arbeit soll nur von wirklich geeigneten und bestausgebildeten Leuten vorgenommen werden,

b) die äußeren Bedingungen der Arbeit sollen mit Rücksicht auf die Leistungssteigerung durchgebildet sein,

c) die Arbeit selbst ist so einzurichten, daß sie mit dem geringsten Aufwand menschlicher Arbeitskraft geleistet werden kann.

Eine nähere Erläuterung dieser Unterforderungen wollen wir uns an dieser Stelle sparen, wir kommen noch später darauf zurück. Auch geht die Literatur über das Taylorsystem grade auf diese Dinge sehr ausführlich ein, so daß auf das dort Ausgeführte verwiesen werden kann.

II. „Arbeitskunde“.

Mit der Durchführung der ersten und zweiten Forderung befassen sich bereits Gewerbehygiene, Unfallverhütung und Rettungswesen. Die Bearbeitung der dritten und vierten Forderung ist noch nicht so weit gediehen, daß man von einem zusammenhängenden Arbeitsgebiet sprechen kann, das ihrer Durchführung gewidmet ist. Es soll daher in den folgenden Ausführungen nicht auf die ersten beiden Forderungen eingegangen werden, sondern wir wollen uns lediglich mit den zwei letzten Forderungen des energetischen Imperativs im Betriebe befassen:

(3.) Es darf keine unnütze Arbeit geleistet werden! und
(4.) Es müssen alle die Arbeit fördernden Momente ausgenützt, alle sie hemmenden Momente ausgeschaltet werden.

Eine scharfe Trennung in der Behandlung der ersten und letzten zwei Forderungen ist allerdings nicht möglich, vielmehr bestehen zwischen ihnen stets enge Beziehungen. Für die Durchführung von Rettungsarbeiten hat zum Beispiel die Forderung 4 große Bedeutung; ferner führt die Berücksichtigung aller die Leistung fördernden Momente zur möglichst guten Ausnutzung — nicht Ausbeutung! — der menschlichen Arbeitskräfte und damit zu einer Annäherung an die Frage der ohne gesundheitliche Schädigung eben noch möglichen Leistung, berührt also die Forderung 2. Gleichwohl ist die durchgeführte Scheidung aus methodischen Gründen erwünscht.

Zur Durchführung der zwei Forderungen 3 und 4 bedarf die Betriebspraxis gewisser Hilfsmittel. Sie sind:

1. Tatsachen, die aus bestimmten Erfahrungen der Praxis und Forschungen der Theorie gewonnen sind und deren Kenntnis für die zweckmäßige Gestaltung der Arbeitsverhältnisse unerläßlich ist.

Beispiele dafür sind: die Einflüsse auf den Verlauf der Ermüdung, die Veränderung der Leistungsfähigkeit bei verschiedener Zusammensetzung der Atemluft, die physischen bzw. psychischen Anlagen, die für eine bestimmte Tätigkeit zu fordern sind.

2. Methoden, die angeben, wie bei der Verwendung bekannter Tatsachen oder der Gewinnung neuer vorzugehen ist.

Beispiele dafür sind die Methoden zur Feststellung der Beanspruchung des Arbeitenden durch eine gewisse Tätigkeit, zur Ermittelung der Eignung eines Arbeitenden für seine Arbeit, oder zur Untersuchung eines vorliegenden Arbeitsverlaufs auf Zweckmäßigkeit.

Der Ausbau dieser beiden, des Tatsachenmaterials und der Methoden, ist die wesentlichste Aufgabe einer neuen Wissenschaft von der menschlichen Arbeit. Wir haben dafür den

Ausdruck „Arbeitskunde“ vorgeschlagen. Dabei soll das Wort „Kunde“ ausdrücken, daß es sich um praktische Aufgaben und Arbeitsziele einer angewandten Wissenschaft im Gegensatz zu den reinen Wissenschaften wie Arbeitsphysiologie und Arbeitspsychologie handelt. Es kommt ja für uns weniger darauf an, die menschlichen Arbeitsverhältnisse wissenschaftlich zu erforschen, als vielmehr für die Praxis verwendbare Leitgedanken und Methoden zu entwickeln, das erforderliche Tatsachenmaterial in einer möglichst brauchbaren Form zusammen- und darzustellen und die Wege zu seiner Verwendung anzugeben. Dazu ist es zwar notwendig, die Forschungsergebnisse der theoretischen Wissenschaften im vollen Umfange zu berücksichtigen, für die Praxis bedürfen sie aber meistens einer Umarbeitung oder einer Ergänzung, da sie vielfach zu kompliziert und zu allgemein sind. Umgekehrt kann aber auch die Arbeitskunde auf Grund ihrer Kenntnis der Bedürfnisse der Praxis häufig der theoretischen Wissenschaft das Problem stellen und sie zur Bearbeitung mancher wichtigen Fragen anregen.

Zur Erläuterung ein Beispiel:

Die Frage der Ermüdung ist bereits nach verschiedenen Seiten untersucht worden. Trotzdem fehlt uns zurzeit noch eine Anweisung, um für eine bestimmte Arbeit die notwendigen Erholungspausen auch nur annähernd genau bestimmen zu können. Hier hätte nun die Arbeitskunde etwa feste Leitsätze auszuarbeiten, vielleicht auch einfache Hilfsmittel wie Meßapparate usw. anzugeben, die dem Betriebsleiter gestatten würden, sich ein Bild von der Schwere der Arbeit und der daraus folgenden Beanspruchung des Arbeiters zu machen, um auf Grund dieser Erkenntnisse die Maßregeln zur Wiederherstellung der vollen Leistungsfähigkeit treffen zu können.

Die Arbeitskunde hat sich mit allen überhaupt möglichen menschlichen Arbeitsleistungen zu befassen, ist also ein sehr umfangreiches Arbeitsgebiet, das sich nur durch eine straffe methodische Stoffgliederung beherrschen läßt. Für die Technik ist das Gebiet deshalb von ganz besonderer Bedeutung, weil Arbeitsleistungen in der Technik eine ebensogroße Rolle wie die rein technischen Fragen spielen. Die Beziehungen der technischen Arbeit zur Arbeit überhaupt werden dadurch noch viel enger, daß deren weitaus größter Teil technischer Art ist.

Dabei soll unter technischer Arbeit jede Arbeit verstanden werden, bei der ein Zusammenwirken des Menschen mit einer technischen Einrichtung, vom Schraubenzieher bis zum Dieselmotor, von der Handgranate bis zum Mörser, von der Treppe bis zum Zentralbahnhof, zum Zwecke einer Leistung stattfindet. Nicht nur die werktätige Bevölkerung steht darnach in der technischen Arbeit, auch das, was wir nicht ganz zutreffend als geistige Arbeit zu bezeichnen pflegen, etwa die Tätigkeit des Gelehrten oder Verwaltungsbeamten, von der des Konstrukteurs ganz zu schweigen, bedient sich mehr und mehr technischer Hilfsmittel. An den Buchdruck, an die Schreib- und Rechenmaschine, an Telephon und Telegraph, an Rohrpost und sonstige Einrichtungen modernen Büchereien sei dabei erinnert. Sogar Tätigkeiten, die man früher niemals durch technische Einrichtungen ersetzen zu können glaubte, besorgt jetzt die Maschine; so hat man in Amerika einen Apparat gebaut, der aus einer Anzahl von Kartothekkarten solche mit bestimmten Angaben heraussucht. Überhaupt kann man sagen, es gibt gar keine rein geistige oder rein technische Arbeit, vielmehr treten beide Arten stets verknüpft auf; je nachdem die eine oder die andere überwiegt, bezeichnen wir die ganze Arbeit als geistig oder technisch.

Wenn wir nun jedes Zusammenwirken zum Zwecke einer Leistung als Betrieb, das Zusammenwirken von Mensch und technischen Einrichtungen zum Zwecke einer Leistung als technischen Betrieb definieren, so enthält die Betriebswissenschaft die Anwendung der Arbeitskunde auf die Arbeit im Betrieb, deren Kennzeichen eben jenes Zusammenwirken ist. Da sich nun aber in der Praxis das rein Technische niemals ganz vom Arbeitsvorgang lösen läßt, wird die Betriebswissenschaft stets auch solches rein Technisches enthalten müssen. Sie wird sich daher stets als Resultierende der zwei Komponenten: reine Technik und Arbeitskunde darstellen. Tatsächlich wird auch der in der technischen Literatur übliche Ausdruck Betriebswissenschaft in diesem Sinne gebraucht. Wissenschaftliche Betriebsleitung ist dann eine Betriebsleitung, die sich der Betriebswissenschaft bedient.

Dem Ausbau der Betriebswissenschaft muß somit der der Arbeitskunde vorausgehen, zum mindesten müssen beide nebeneinander ausgebaut werden. Da dies bisher noch wenig geschehen ist, werden wir zunächst die Arbeitskunde als solche eingehender behandeln müssen. Das dort Gesagte gilt dann ohne weiteres auch für die Betriebswissenschaft.

Es wird am fruchtbarsten sein, wenn die Arbeitskunde unter Mitwirkung aller Arbeitsgebiete als praktische Wissenschaft geschaffen wird; z. B. vermag die Pädagogik ebenso wertvolle Dienste zum Ausbau der Arbeitskunde zu leisten, wie sie von deren Ergebnis Vorteil hat. Da die Technik der größte Abnehmer arbeitskundlicher Ergebnisse ist, wird sie auch bei deren Gewinnung besonders beteiligt sein.

Verschiedene Gruppen von wissenschaftlichen und praktischen Untersuchungen und Arbeiten haben sich bisher mit den Problemen der menschlichen Arbeitsleistung beschäftigt. Wir erwähnen sie, um zu zeigen, wie sich die Grundgedanken der Arbeitskunde allmählich entwickelt haben, müssen aber darauf verzichten, eine eingehende Charakteristik der einzelnen Gruppen zu geben, da das hier zu weit führen würde.

An erster Stelle sind die Arbeiten Taylors und seiner amerikanischen Schüler zu nennen. Seine Gedankengänge sind auch in Deutschland in weiten Kreisen bekannt, zumal die meisten wichtigen Schriften auch in deutscher Sprache erschienen sind. Der Taylorismus bietet eine Menge wertvollen Materials für die Arbeitskunde. Wir finden in ihm eine große Anzahl wichtiger Einzelheiten, Gesichtspunkte und methodischer Ratschläge, jedoch keinen eigentlich methodischen Aufbau, aus dem man unmittelbare Anleitung zur eigenen Betätigung oder Weiterarbeit gewinnen könnte. Die Arbeiten Taylors sind mehr Bericht, wie er und seine Leute vorgegangen sind, als systematische Anleitungen für eine arbeitskundliche Bearbeitung beliebiger Begebenheiten. Zu diesem Eindruck trägt wesentlich auch die Beschränkung auf den Fabrikbetrieb und den Baubetrieb bei. In seinen Darstellungen wirkt mitunter Nebensächliches, d. h. das, was für die Erkenntnis des eigentlich Arbeitskundlichen nebensächlich, für die Betriebsleitungen freilich oft recht wichtig ist, zu störend, um den Kern der Sache klar hervortreten zu lassen. Auch behandeln seine Schriften typisch amerikanische Verhältnisse, in denen vielfach andere Anschauungen herrschen, andere Lebensbedingungen vorliegen und wesentlich anders geartete Arbeitskräfte zur Verfügung stehen als bei uns. Die ganze Form der Darstellung Taylorscher Gedankengänge mit ihrer gewissen Einseitigkeit hat zur Folge gehabt, daß immer wieder von einem „System“, dem „Taylorsystem“, gesprochen wird. Damit verbindet sich aber unwillkürlich der Gedanke an Sachverständige, Reorganisatoren, die dieses System beherrschen und nach einem fertigen Plan die Betriebe umgestalten können. Bei eingehender Vertiefung in die Sache wird man dagegen gerade in einer möglichst weiten Verbreitung der arbeitskundlichen Grundgedanken, in einer möglichst einfachen methodischen Schulung der Betriebsleiter aller Grade und in einer leicht verwendbaren Gestaltung aller Hilfsmittel den Weg zum Fortschritt finden. Nur so wird es auch möglich sein, die verschiedenen Widerstände, die sich zum Teil recht heftig einer Verbesserung der Arbeitsorganisation auch im Sinne Taylors entgegenstellen, zu beseitigen, nicht durch Zwang, sondern durch Überzeugung.

Die Anregungen Taylors kamen dann ganz allmählich auch nach Deutschland und fielen hier auf fruchtbaren Boden. Sie trafen hier mit den Arbeitsergebnissen anderer zusammen, die von andern Grundgedanken ausgingen und andere Ziele erreichen wollten. So entstand die Betriebswissenschaft, die auf der Tagung des Vereins deutscher Ingenieure in Leipzig 1914 den Hauptgegenstand der Verhandlungen bildete und um deren Ausbau sich Schlesinger, Wallichs und andere verdient gemacht haben. Aber auch diese Betriebswissenschaft, die von der vielfach auch als Betriebswissenschaft bezeichneten Privatwirtschaftslehre wohl zu unterscheiden ist, befaßte sich genau wie Taylor fast ausschließlich mit dem Fabrikbetrieb. Wenn auch die dort gewonnenen Ergebnisse vielfach allgemeine Bedeutung haben, so haftet ihnen doch stets das Begrenzte des Einzelgebiets an, auf dem sie gewonnen sind. Auch hat uns die Betriebswissenschaft bisher das noch nicht gebracht, was hier anzudeuten versucht werden soll und was nach unserer Ansicht die Vorbedingung für alle weitere Erfolge auf arbeitsorganisatorischem Gebiet bildet: das System, den methodischen Aufbau und die zweckmäßige Anleitung.

Die dritte Quelle der Arbeitskunde ist die experimentelle Psychologie. Sie hat in letzter Zeit vielfach mit großem

Erfolg den Anschluß an die Probleme des praktischen Lebens gesucht und gefunden. Die Arbeiten von Münsterberg, Kraepelin, Stern u. a. legen davon deutlich Zeugnis ab.

Die Mitwirkung der experimentellen Psychologie bei der Regelung der praktischen Arbeit kommt vorwiegend bei zwei Problemgruppen in Betracht: bei der günstigen Gestaltung der Arbeit und ihrer Bedingungen, der Psychophysiologie der Arbeit, und bei der psychologischen Auswahl der für bestimmte Tätigkeiten Geeigneten. Zumal in der Lösung dieser Aufgabe hat die experimentelle Psychologie im Kriege unter dem Zwange dringender Notwendigkeit beachtliche Erfolge erzielt.

Auch die Pädagogik und Didaktik sind ja in der Hauptsache auf das Erziehungswesen angewandte Psychologie. Sie bieten uns ebenfalls wichtiges Material und viele Anregungen, wenn auch die Verhältnisse beim fertigen Menschen anders liegen als beim heranwachsenden. Besonders wertvoll sind für uns die Arbeiten über Ermüdung und zeitliche Anordnung der Arbeiten sowie über alle die Fragen, die mit dem seelischen Zustand des Arbeitenden seiner Tätigkeit gegenüber zusammenhängen. Es eröffnen sich hier so weite Ausblicke, daß man vielleicht einmal von einer Betriebspädagogik und Betriebsdidaktik wird sprechen können. Auf die Arbeiten des Münchener Pädagogen Foerster sei in diesem Zusammenhange besonders hingewiesen.

Weiter kommen wir zu einem Gebiet, daß wie kaum ein anderes berufen zu sein scheint, zum Ausbau der Arbeitskunde beizutragen: zur Arbeitsphysiologie, für die sogar ein eigenes Institut, das Kaiser-Wilhelm-Institut für Arbeitsphysiologie in Berlin unter Rubners Leitung besteht. Wenn wir nun auch schon vereinzelt aus der arbeitsphysiologischen Arbeit unmittelbar haben Nutzen ziehen können, besonders zahlreich waren solche Ergebnisse nicht; vielleicht kommt das davon, daß die Arbeitsphysiologie noch jung ist. Jedenfalls hat sie zurzeit noch zuviel mit der theoretischen Erforschung der Arbeitsvorgänge zu tun, als daß wir von ihrer Arbeit große Vorteile hätten. Daß sich das in der Zukunft einmal ändern wird, ist zu erwarten, jedenfalls aber dringend zu wünschen.

Endlich lassen sich für den Ausbau der Arbeitskunde auch eine ganze Reihe volkswirtschaftlicher Untersuchungen verwenden, unter denen besonders die Ermittlungen des Vereins für Sozialpolitik über Auslese und Anpassung der Arbeiterschaft zu nennen sind. Das in ihnen niedergelegte, oft außerordentlich reichhaltige Material ist jedoch für unsere Zwecke nur zu einem gewissen Teile zu brauchen. Die meisten dieser Untersuchungen laufen nämlich in Ziel und Ergebnis vorwiegend auf eine Erklärung, auf ein Verständnis des Tatsächlichen hinaus, bieten also weniger die Möglichkeit, unmittelbar wieder praktisch verwertet zu werden, bedürfen vielmehr erst noch der Auswertung für die Praxis. Auch ist zu bedenken, daß die meisten sozialpolitischen Maßnahme, z. B. Volksernährung, Berufswahl, Frauen- und Kinderarbeit, über den Rahmen des einzelnen Betriebes vielfach hinausgehen, für unser Arbeitsgebiet also nur in zweiter Linie in Betracht kommen, insofern sie der Arbeitsorganisation im Betriebe gewisse Beschränkungen auferlegen, anderseits allerdings ihr auch wieder zugute kommen.

Das wären die wichtigsten Quellen, aus denen die Arbeitskunde schöpfen kann und aus denen für die vorliegende Arbeit geschöpft worden ist. Die Stellung der Arbeitskunde zu ihnen ergibt sich aus ihrem allgemeinen Ziel. Dieses Ziel, die Arbeit des Menschen so zweckmäßig wir irgend möglich zu gestalten, ist ein durchaus praktisches, wie nicht oft und scharf genug hervorgehoben werden kann. Daraus folgt die Notwendigkeit, das Gute zu nehmen, wo man es findet. Es ist nicht die Aufgabe der Arbeitskunde, eine theoretische Lehre von der Arbeit aufzustellen, in der alle Seiten gleichmäßig berücksichtigt werden sollen, für sie kommt es vielmehr darauf an, alles vorhandene Material zu benutzen, es zu ordnen und für den praktischen Gebrauch umzuarbeiten. Arbeitskunde treiben ist also keine eigentliche Forschertätigkeit, sondern wie die Arbeitskunde die Organisation zum Ziele hat, ist auch ihre Arbeitsweise durchaus organisatorisch. Das erforderliche Material liefern einmal die theoretischen Wissenschaften wie Physiologie und Psychologie, zum andern aber die Praxis — gerade das zu berücksichtigen ist besonders wichtig! — wenn man der Praxis wieder dienen will. Zunächst ist es nun notwendig, in die schier unübersehbare Menge der Probleme dadurch einige Ordnung zu bringen, daß der Gang der Untersuchung beliebiger

Arbeitsverhältnisse im Anschluß an die Bedürfnisse der Praxis erfaßt und festgelegt wird. Zur Lösung dieser Aufgabe beizutragen ist einer der Zwecke dieser Arbeit. Ist diese rein methodische Aufgabe einmal erfüllt oder wenigstens in einer zunächst genügenden Weise gelöst, so lassen sich daran die andern Probleme zwanglos anschließen. Vor allem ist damit auch erreicht, daß aus den stets wechselnden einzelnen Tatsachen ein fester Kern, gewissermaßen ein Kristallisationszentrum, herausgearbeitet ist, das sich nicht dauernd verändert und infolgedessen für die Praxis einen brauchbaren Ausgangspunkt darstellt. Was sich dann weiter vervollkommnen läßt, ist weniger die Art der Behandlung arbeitsorganisatorischer Fragen, als vielmehr der Grad, in dem diese Behandlung je nach dem Stande der tatsächlichen Erkenntnis vorgenommen werden kann.

Die neben dem Ausbau der allgemein geltenden Methoden für die Einzelfälle nötige Arbeit ist dann:

1. Sammlung des Materials. Bei der Fülle der vorhandenen Literatur ist das keine kleine Aufgabe, auch keineswegs eine mechanische oder untergeordnete Tätigkeit. Oft findet sich grade allgemein Wichtiges in ganz spezieller Fachliteratur.

2. Umarbeitung des Materials. Mit einer Menge von Einzelheiten ist der Praxis nicht gedient, sie fordert einen Extrakt des Wichtigsten, an Tatsachen wie an Methoden, sowie Anleitung, um Einzelheiten, die für sie aus irgend einem Grunde von Wert sind, weiter verfolgen zu können.

3. Veröffentlichung des Materials. Die Art der Veröffentlichung ist von größter Bedeutung dafür, ob gewonnene Ergebnisse auch wirklich dem Leben zugute kommen oder nicht. Nicht immer braucht die Literatur der einzige Weg zu sein, auch die mündliche Belehrung und die Erteilung von Auskünften oder Gutachten dient denselben Zielen.

Diese drei Aufgaben: Sammlung, Umarbeitung, Veröffentlichung sind so umfangreich, daß zu ihrer Lösung die Kraft einzelner kaum imstande ist. Nur durch Zusammenwirken vieler läßt sich das Ziel erreichen. Die Arbeit des einzelnen kann immer nur das Kommende vorbereiten, dieses Kommende ist aber unseres Erachtens ein staatliches Institut für Arbeitskunde, ein praktisch-wissenschaftliches Institut, ähnlich den

Materialprüfungsämtern und doch wieder ganz anders, jedenfalls ein neuartiges Institut seiner Aufgabe wie seiner Arbeitsweise nach. Es ist interessant, daß in neuerer Zeit eine ähnliche Organisation für das Studium und den Ausbau der Jugendkunde, auch dort zu praktischen Zwecken, vorgeschlagen wird. Die Arbeitsweise eines solchen Institutes soll ganz der hier vorgeschlagenen entsprechen. Stern, der den Vorschlag macht, schreibt darüber wörtlich: „Das Institut für Jugendkunde wird .... einen neuen Typus wissenschaftlicher Arbeitsstätten vorstellen müssen.“ Dasselbe dürfte auf ein Institut für Arbeitskunde zutreffen.

Je mehr die Arbeitskunde in der Technik Berücksichtigung findet, desto eher wird diese manche Aufgaben lösen können, wo die Anwendung der Physik oder Chemie allein nicht mehr ausreicht. So finden z. B. Höhenflug und Tieftauchen ihre Grenzen nicht in der technischen Einrichtung, sondern im Menschen, der die Veränderung des Luftdruckes nicht aushalten konnte. Erst seitdem man unter bewußter Berücksichtigung dieser Tatsachen ihnen entsprechend Apparate konstruiert, wie dies das Drägerwerk in mustergültig planmäßiger Arbeit tut, steht der Weg zum Fortschritt offen. Ein noch viel treffenderes Beispiel bietet die Steigerung der Fahrgeschwindigkeiten im Eisenbahnverkehr. Hier ist die Leistungsfähigkeit des Lokomotiv- oder Triebwagenführers maßgebend. Ein guter Kenner des Fahrdienstes und seiner Anforderungen, Martens, sagt darüber: „Die Fähigkeiten seiner Sinne und seines Verstandes, sowie sein Pflichtgefühl werden der Erhöhung der Fahrgeschwindigkeiten eine viel frühere Grenze setzen, als die Technik es tun würde.“

Ein drittes Beispiel endlich sei dem Bauwesen entnommen. Es ist bekannt, welche Bedeutung der Geschwindigkeit des Vortriebs des Richtstollens für den Bau eines Tunnels zukommt. Oft ist sie dafür entscheidend, ob ein Tunnel überhaupt gebaut werden kann oder nicht. Zweckentsprechende Regelung aller mitwirkenden Faktoren durch die Arbeitskunde dürfte sicher noch manches Brauchbare zur Beschleunigung des Vortriebs beitragen.

Der Nutzen der Arbeitskunde kommt bei solchen Fällen besonders deutlich zum Ausdruck, wir dürfen aber nicht vergessen, daß derartige Anwendungen schon zu den Erträgnissen eines Arbeitsgebietes gehören, das erst im Anbau begriffen ist. Das Gebiet, in dem diese und andere Erträgnisse liegen, ist durch das über die einzelnen Forderungen der Menschenökonomie oben Gesagte in großen Umrissen gekennzeichnet werden.

Es ist möglich, daß bei weiterem Ausbau der Arbeitskunde die ganze Organisation der menschlichen Arbeit andere, planmäßigere Formen als in der Gegenwart annehmen wird. Doch ist dies Zukunftsmusik; sie mag dazu führen, das Gebiet auch da weiter auszubauen, wo der Nutzen noch nicht unmittelbar einzusehen ist, die aufgewendete Arbeit sich nicht sofort bezahlt macht. Augenblicklich liegen die Vorteile da, wo es aus irgendwelchem, meist wirtschaftlichen Grunde darauf ankommt, eine Arbeit so zweckmäßig als möglich auszuführen und mit geringstem Aufwand an menschlicher Arbeitskraft quantitativ und qualitativ das Beste zu leisten. Vier solche Fälle haben wir oben angeführt, wer die praktische Arbeit kennt, wird ihre Zahl auf allen technischen Tätigkeitsgebieten nach Belieben vermehren können. Der Grundsatz: „Keine Konstruktion ist stärker als ihr schwächster Teil!" gilt auch für den Aufbau der Arbeitsleistungen in einem Betriebe. Oft hängt z. B. das ganze Tempo oder der Umfang der Arbeit an einem einzelnen Vorgang, etwa der Arbeit an einer Spezialmaschine, an der nur ein Arbeiter tätig sein kann. Oder man denke an die Leistungsfähigkeit eines Verschiebebahnhofs mit Ablaufberg, für sie ist, unveränderliche bauliche Anlage vorausgesetzt, die Geschwindigkeit, mit der die Züge zerlegt werden können, für diese aber die Tätigkeit der Stellwerkswärter maßgebend. Jede Steigerung der Arbeitsleistung bei diesem einen Vorgang, würde Steigerung der Leistung des ganzen Betriebes bedeuten, es hieße das dann, den schwächsten Teil der Konstruktion verstärken. Zu solcher Verstärkung die Wege zu weisen, wird die Arbeitskunde häufig in der Lage sein.

III. Der Gang der Arbeitsuntersuchung.

Wir versuchen nunmehr, den methodischen Aufbau einer Arbeitsuntersuchung im Umriß zu kennzeichnen und nehmen dazu an, wir haben eine Gesamtheit von Betriebsvorgängen arbeitsorganisatorisch zu untersuchen. Denken wir gleich an den schwierigsten Fall, wo das Zusammenspiel verschiedener Arbeitskräfte notwendig ist, um ein Leistungsergebnis von praktischer Bedeutung zu erzielen, etwa an einen Herstellungsbetrieb, wo ein Werkstück vom Rohstoff bis zum fertigen Erzeugnis durch eine ganze Menge Hände zu laufen hat. Da muß zunächst festgestellt werden:

1. Was geschieht überhaupt, welche Arbeitsvorgänge kommen in Betracht?

2. In welcher zeitlichen und räumlichen Anordnung geschehen diese?

3. Welche Arbeitsvorgänge stehen in innerer Beziehung zueinander, welche nur lose nebeneinander?

Erläuternd sei ausgeführt:

Zu 1. So einfach diese Forderung auf den ersten Blick aussieht und so überflüssig sie zu sein scheint, bietet sie doch der praktischen Durchführung erhebliche Schwierigkeiten. Wir brauchen nämlich für die weitere Untersuchung ein ganz klares Bild aller vorkommenden Tätigkeiten; diese folgen oft so schnell aufeinander oder es gehen ihrer so viele gleichzeitig vor sich, daß durch einfaches Zuschauen eine wirkliche Klarheit nicht gewonnen werden kann, daß vielmehr besondere Hilfsmittel erforderlich werden. Da wir unter Element etwas nicht weiter Zerlegbares verstehen, so wollen wir diese erste Aufgabe die Feststellung der Elemente nennen. In dieser Feststellung ist auch die Ausscheidung aller rein technischen Vorgänge mit enthalten, die in keinem Zusammenhange mit Arbeitsvorgängen stehen.

Zu 2. Außer der Art der Elemente muß auch ihr Aufbau bekannt sein, ihr Nacheinander und ihr Nebeneinander.. Und zwar kommt hier nur der tatsächliche Aufbau in Frage, nicht die Prüfung der Berechtigung gerade dieses Aufbaues. Dieser zweite Teil der Aufgabe mag als Feststellung der Anordnung der Elemente bezeichnet werden.

Zu 3. Da bei den meisten Arbeiten von einer Arbeitskraft mehrere Tätigkeiten, die innerlich ganz verschieden sind, gefordert werden, müssen wir ferner ermitteln, welche Einzelverrichtungen eigentlich innerlich zusammengehören. Man denke etwa an die Arbeit an einer Drehbank! Außer der eigentlichen

Dreharbeit wird da die Einstellung der Drehgeschwindigkeit, des Vorschubs usw. und die Wartung der ganzen Maschine z. B. Schmierung, Einfüllen von Kühlwasser usw. gefordert. Je mehr diese grundverschiedenen Tätigkeiten praktisch ineinandergreifen, ohne sachlich zusammenzugehören, desto wichtiger wird die Beantwortung der dritten Frage. Auf sie baut sich dann die Ermittelung der zweckmäßigsten Arbeitsteilung beim Zusammenarbeiten und der zweckmäßigsten Arbeitsanordnung bei der Einzelarbeit auf. Diese dritte Aufgabe sei die Feststellung der Zusammenhänge der Elemente genannt. Um Mißverständnissen zu begegnen, muß bemerkt werden, daß unter „Zusammenhängen" hier nur die äußerlich erkennbaren logisch-sachlichen Beziehungen zwischen den verschiedenen Arbeitsvorgängen, nicht aber die inneren psychophysischen Zusammenhänge verschiedener Tätigkeiten gemeint sind. Bei diesen handelt es sich darum, daß äußerlich gleichartige Verrichtungen den Arbeiter ganz verschieden beanspruchen und umgekehrt, daß äußerlich ganz verschiedene Vorgänge an den Arbeiter mitunter gleiche oder verwandte Anforderungen stellen. Die Frage nach dem psychophysischen Zusammenhang der Tätigkeiten gehört also in das Gebiet der Verteilung der Aufgaben auf verschiedene Arbeitskräfte unter Berücksichtigung der Arbeitseignung, fällt mithin unter die später zu besprechende Analyse der Beanspruchungen.

Die Beantwortung der drei bisher besprochenen Fragen nennen wir die Analyse der Vorgänge, sie ist der erste Teil der ganzen Untersuchung.

Ist durch sie die Gesamtheit der Arbeitsvorgänge in ihre Elemente zerlegt, so beginnt die zweite Aufgabe, die Erörterung der Elemente, die Feststellung, in welchem Maße durch sie die Arbeitskraft des Menschen in Anspruch genommen wird. Diese Aufgabe wollen wir als die Analyse der Beanspruchungen bezeichnen. Sie erst ermöglicht es uns, die zweckmäßigste Gestaltung der Arbeit selbst und ihrer äußeren Bedingungen festzustellen. Auch ergeben sich aus ihr die Anforderungen, die wir an die Arbeitskräfte, ihre Auswahl, Ausbildung, Überwachung usw. stellen müssen. Die Analyse der Beanspruchungen ist zunächst qualitativ, d. h. allgemein zerlegend und erörternd, ferner aber auch quantitativ, d. h. messend.

Sind alle diese Fragen geklärt, so können wir zum tatsächlichen Aufbau der Leistungen schreiten. Bei ihm gibt es zwei Wege zur Kombination der Elemente, diese kann logisch aufbauend — induktiv — oder schöpferisch entwerfend — intuitiv — sein. Die Prüfung ihrer Zweckmäßigkeit erfolgt dann wiederum auf analytischem Wege, indem jede zweckmäßig scheinende Verbesserung, die sich aus der ersten Analyse ergibt, erneut analytisch geprüft und so nach und nach eine Art Ausscheidung des Unzweckmäßigen vorgenommen wird. Man hat die Arbeit der Betriebswissenschaft als aus den drei Tätigkeiten:

analysieren
die Elemente studieren
wieder kombinieren

zusammengesetzt bezeichnet, alle drei stecken in der Arbeitskunde in den verschiedenen Analysen. Wir wollen aber gleich hier betonen, daß die von der Arbeitskunde als zweckmäßig angegebene Durchbildung der Arbeit und ihrer Anordnung nicht immer das für die Praxis einzig Richtige sein muß. Dort spielen oft noch ganz andere, z. B. wirtschaftliche oder politische Momente mit, deren Berücksichtigung notwendig ist; *wir* geben nur Ratschläge vom Standpunkt der Arbeitsorganisation aus.

Nachdem so ein allgemeines Bild des Untersuchungsverlaufs gegeben ist, sollen die drei einzelnen Teile: Analyse der Vorgänge, qualitative und quantitative Analyse der Beanspruchungen und Synthese näher besprochen werden. Dabei beschränken wir uns in allen Beispielen auf die technische Arbeitskunde; es ist nicht schwer, das für die Arbeitskunde allgemein Gültige herauszuarbeiten, würde aber hier zu weit vom Wege abführen.

IV. Analyse der Vorgänge und ihre Methoden.

Die Analyse der Vorgänge soll die Vorstufe zur Untersuchung der Einzelheiten sein. Sie muß daher den logischen Aufbau der gesamten Arbeitsleistung vor Augen führen, also ein klares Bild des Gesamtvorgangs und ein klares Bild aller Einzelvorgänge geben. Die dazu erforderliche Klarheit wird erreicht:

1. durch eine Feststellung in der bereits besprochenen Weise.

2. durch eine Darstellung, bei der die Ergebnisse der Feststellung in einer Form dargestellt werden, aus der alle vorkommenden Beziehungen in möglichst einfacher Weise ersichtlich sind.

Bei dieser Analyse muß auch das rein Technische in die Betrachtung einbezogen werden, soweit es für die Beurteilung der Arbeitsleistung von Bedeutung ist. Arbeitsleistung und technischer Vorgang stehen dabei in einem Wechselverhältnis: einmal beeinflußt natürlich der Arbeitsvorgang den technischen, dann aber, und das ist weniger beachtet, auch der technische den Arbeitsvorgang z. B. gröber durch die Entwicklung starken Geräusches, durch Verschlechterung der Atemluft, durch ungesunde Erhöhung der Temperatur, feiner durch den Rhythmus der Maschine, die Lage der Handgriffe.

Im allgemeinen wird die Analyse an bereits vorhandenen Betriebsvorgängen durchgeführt werden. Ist das nicht der Fall, also z. B. bei Entwürfen, so muß der dem Entwurf zugrunde liegende gedachte Vorgang als real hingenommen und an ihm die Untersuchung durchgeführt werden. Ihre besten Ergebnisse wird die Analyse stets an Vorhandenem erzielen, weil dort weitgehende Berücksichtigung der tatsächlichen Verhältnisse besonders bei der Beobachtung der Arbeitenden möglich ist, aus der immer wieder neue Anregungen gewonnen werden. Jeder Entwurf wird sich daher auch immer wieder an Bestehendes anschließen. Das bedeutet bei richtiger Verwertung vorhandener Erfahrungen durchaus keine sklavische Nachahmung, sondern eine verständnisvolle Weiterentwicklung.

Eine Analyse kann aber mit großem Erfolg auch an Vergangenem vorgenommen werden. Es liegt dann eine nachträgliche Auswertung, gewissermaßen eine Nachkalkulation, vor. Besonders geeignet dafür sind vorgekommene Unregelmäßigkeiten im Betriebe, Betriebsstörungen oder Unfälle; aus den dabei zutage getretenen Fehlern und Mängeln lassen sich wertvolle Schlüsse für künftige zweckmäßigere Gestaltung ziehen.

Im einzelnen umfaßt nun die Analyse der Vorgänge folgende Arbeiten:

Feststellung.

Welche Aufgabe die Analyse der Vorgänge zu lösen hat, welche Feststellungen zu machen sind, ist bereits ausgeführt worden. Wir können uns also gleich den Hilfsmitteln der Feststellung zuwenden. Die wichtigsten von ihnen sind folgende:

A. Die photographische Platte.

1. die einfache photographische Aufnahme.

2. das Übereinanderphotographieren, bei dem mehrere Stellungen des beobachteten Objekts auf einer Platte festgehalten werden, so daß außer einem genauen Bild der einzelnen Phasen des Vorgangs auch die Möglichkeit der Messung erhalten wird. Diese Art der Aufnahme wurde bisher besonders bei den Untersuchungen sportlicher, hauptsächlich leichtathletischer Leistungen angewendet.

3. das Zyklodiagramm, eine Schöpfung des Taylorismus. Es entsteht dadurch, daß an den Körpern, deren Bewegung untersucht werden soll, also z. B. an der Hand des Arbeitenden, eine kleine leuchtende Glühbirne angebracht wird, die bei längerer Aufnahme oder mehreren schnell aufeinanderfolgenden Einzelaufnahmen auf dieselbe Platte genau die Bahn des Körpers als helle Linie angibt.

4. die kinematographische Aufnahme, die sich besonders zur Aufnahme komplizierter Vorgänge eignet. So ist z. B. die Untersuchung des Zusammenarbeitens mehrerer durch sie wesentlich erleichtert. Gibt die kinematographische Aufnahme zunächst ein deutliches Bild des Nebeneinanders, der räumlichen Anordnung, so kann sie doch auch zum Aufschluß über die zeitliche Anordnung angewandt werden, sobald eine Sekundenuhr mit aufgenommen wird. Infolge der verhältnismäßig hohen Kosten einer Bewegungsphotographie ist ihr Anwendungsgebiet allerdings beschränkt, sie kommt nur dort in Frage, wo andere Mittel nicht mehr zureichen.

5. die Aufnahme aus der Vogelschau etwa nach Art der Ballonaufnahme, die uns durch ihren entfernteren Aufnahmestandpunkt Gesetzmäßigkeiten und Zusammenhänge erkennen läßt, von denen wir in der Nähe nichts wahrnehmen. Sie ist also z. B. bei der Untersuchung von Verkehrsströmen am Platze.

6. die Stereoskopaufnahme, die es ermöglicht, die Raumwirkung irgendwelcher mit der Arbeitsleistung zusammenhängenden Erscheinungen auf den Arbeitenden zu untersuchen. Verwendbar ist sie z. B. zum Studium der Wirkung des Streckenbildes auf den Fahrzeugführer.

Diese photographischen Hilfsmittel sind zum Teil auf ganz andern Gebieten als dem der Arbeitsuntersuchung entstanden und ausgebaut worden, so daß sie vielfach für unsere Zwecke noch umgestaltet werden müssen. Einzelne Beispiele sind wegen dieser Unvollkommenheit der Durchbildung auch hier fortgelassen worden. Der Gegenstand ist ja aus dem täglichen Leben genügend bekannt, um das Grundlegende, auf das es hier allein ankommt, beurteilen zu können; auch finden sich in der Literatur zahlreiche Beispiele.

B. Die selbsttätige Registrierung.

Hierbei geht die Feststellung gewisser Erscheinungen, vor allem deren zeitlicher Folge, auf mechanischem oder elektrischem Wege vor sich. Sie dient nur zur Ergänzung der unmittelbaren Beobachtung und ist erstens besonders in den Fällen geeignet, wo gleichartige Vorgänge so schnell aufeinander folgen, daß mit dem Auge oder dem Ohr zu folgen dem Beobachter unmöglich ist. Es werden dann eine Anzahl gleichartiger Vorgänge zusammengefaßt und die erfüllte Zahl graphisch oder akustisch markiert. Zweitens findet sie zweckmäßig dort Verwendung, wo die Beobachtung sich über sehr lange Zeiträume erstrecken müßte und dadurch der Beobachter über Gebühr lange in Anspruch genommen würde. Für diesen letzteren Fall ist die Poppelreutersche Arbeitsschauuhr besonders zu erwähnen.

Die selbsttätige Registrierung ist schon geradezu Messung, geht also bereits über die lediglich beschreibende Analyse der Vorgänge hinaus, wir mußten sie aber in diesem Zusammenhange nennen, da ohne sie vielfach die Feststellung der Anordnung von Vorgängen unmöglich ist.

Darstellung.

Von gleicher Bedeutung wie die Feststellung ist die Darstellung des gewonnenen Bildes. Bestimmte Regeln dafür lassen sich zunächst noch nicht aufstellen, möglich, daß sich im Laufe der Zeit noch solche finden. Wohl aber verfügen wir jetzt bereits über eine größere Anzahl von Hilfsmitteln, die eine klare und übersichtliche Darstellung gestatten. Einige davon sind folgende:

A. Die einfache Übersicht.

Wir verstehen darunter die Niederschrift der festgestellten Arbeitselemente, bei der durch Einteilung in Spalten und dergl., also durch die Gruppierung der Stichworte und Sätze die gewünschte Übersicht erzielt wird. Der Überblick über die Tätigkeiten eines Arbeiters, der eine Fernsprechzentrale zu bedienen hat, wird z. B. dadurch erleichtert, daß die aufgezählten und niedergeschriebenen Einzelhandlungen in drei Spalten eingeteilt werden. Gleichzeitig Erfolgendes steht dann stets auf einer Zeile. Die Übersicht sieht dann folgendermaßen aus:

Vorgang außer Einfluß	Tätigkeit des Arbeiters mit der		Bemerkungen
	linken Hand	rechten Hand	
1. Anruf in Leitung I			
2.		Verbindung mit Leitung I	
3.		Einschalten der Abfragevorrichtung	
4. Meldung	Hält		
5. Angabe der gewünschten Verbindung	den		
6.	Hörer	Verbindung mit Leitung II	
7.		Wecken der Leitung II	
8.		Ausschalten der Abfragevorrichtung	

Zum Verständnis ist die betreffende Einrichtung in Fig. 1 dargestellt worden. Die einfache Übersicht zeigt schon ohne jede weitere Untersuchung, daß eine Beschleunigung des ganzen Vorganges, mithin eine beträchtliche Leistungssteigerung möglich ist, wenn der linken Hand das Halten des Hörers abgenommen wird, so daß sie zu den Verrichtungen der rechten Hand mit hinzugezogen werden kann. Im weiteren Verlauf der Untersuchung wären nur die einzelnen Elemente auf ihre zweckmäßigste Gestaltung und Anordnung zueinander zu prüfen. Das fiele aber bereits unter die Analyse der Beanspruchungen.

Fig. 1.

Wo zusammenwirkende Handlungen mehrerer Personen in Frage kommen, werden in gleicher Weise die Tätigkeiten dieser Personen getrennt. Die nächste Übersicht gibt z. B. die Analyse

Nr.	Zustand des Wagens	Handlung des Führers	Handlung des Schaffners	Bemerkungen
1.	Fahrt mit Strom			
2.		Ausschalten		
3.	Fahrt ohne Strom			
4.		Bremsung		
5.	Verzögerung			
6.	Halten			
7.			Zeichen zur Abfahrt	
8.		Lösen d. Bremse		
9.		Einschalten		
10.	Anfahren			
11.	Fahrt mit Strom			

der Vorgänge beim Anhalten und Ingangsetzen eines Straßenbahnwagens an einer Haltestelle. Auf Grund der so gegebenen Zerlegung lassen sich dann die einzelnen Elemente weiter untersuchen.

Zur einfachen Übersicht sind auch die fälschlich als Diagramme bezeichneten Übersichten zur Darstellung der Zusammenhänge der einzelnen Arbeitsgruppen in einem Betriebe zu rechnen, wie sie z. B. im Abschnitt Fabrikbau in der Hütte Bd. III dargestellt sind. Zur Unterstützung des schnellen Überblicks greift man dabei häufig zu dem Mittel, die geschriebenen Begriffe durch bestimmte Zeichen zu ergänzen, durch Symbole, die den Vorgang bezeichnen. Ja, man kann schließlich die Worte ganz fortlassen und nur mit Symbolen arbeiten. Es entsteht dann ein Bild ähnlich einer elektrischen Leitungsskizze.

B. Das Diagramm.

Im Diagramm oder Schaubild wird die Abhängigkeit mehrerer Faktoren voneinander in einer Kurve meist unter Anwendung von rechtwinkligen Koordinaten zum Ausdruck gebracht. Das Verfahren ist auch für die Praxis durchaus nicht neu, es sei an die Zeit-Wege-Kurve, an die Arbeit-Zeit-Kurve und andere erinnert. Unter Umständen ist es sogar möglich, in einem Diagramm nicht nur zwei, sondern sogar drei Werte zum Ausdruck zu bringen, die allerdings voneinander abhängen, wenn nämlich auch die Fläche einen Wert zur Darstellung bringt.

So stellt z. B. im Geschwindigkeit-Zeit-Diagramm die Fläche den Weg dar, da jede Fläche in ein Rechteck mit den Seiten v m/sec und t sec verwandelt werden kann, das Produkt vt also $\frac{\text{m}}{\text{sec}} \times \text{sec} = \text{m}$ ist. Mitunter kann es nützlich sein, die feste Linie durch eine bewegliche zu ersetzen; man wählt dann statt der Linien Fäden, statt der Punkte Nadeln.

C. Die Skizze oder das Modell mit Eintrag von Bewegungslinien.

Sobald es erforderlich wird, einen Überblick über die Bahnen, entlang denen eine Bewegung erfolgt, zu gewinnen, verwendet man die Skizze oder das Modell mit Eintrag von

Bewegungslinien. Das Verfahren ist ebenso auf die Bewegungen von Körperteilen anwendbar, wie das in der Physiologie bereits bei der Untersuchung des menschlichen Ganges geschehen ist, wie natürlich besonders beim Studium von Verkehrsbewegungen.

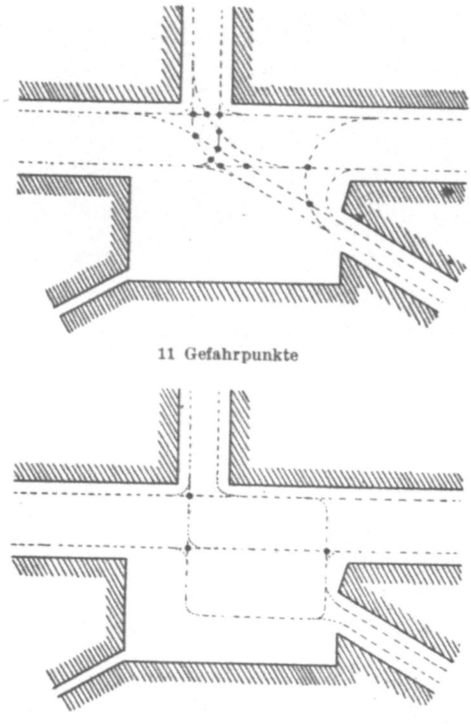

Fig. 2. Lauf der Verkehrsstöme auf einem Platze (Gefahrpunkt = Überschneiden gegenüberlaufender Richtungen).

Als erstes Beispiel, wo die Linien in einer Ebene verlaufen, geben wir den Lauf der Verkehrsströme auf einem Platz wieder (Fig. 2), als zweites Beispiel, bei dem mehrere Ebenen in Betracht kommen, den Lauf des Arbeitsstückes in einer Maschinenfabrik (Fig. 3).

Außer diesen Mitteln, die lediglich der Darstellung dienen, können natürlich mitunter auch die Mittel der Feststellung zugleich für die Darstellung Verwendung finden, besonders die verschiedenen Formen der photographischen Aufnahme.

Fig. 3.

Die weitere Vervollkommnung der Hilfsmittel sowohl der Feststellung wie der Darstellung und die Aufstellung einer Lehre von ihnen wird eine der ersten und wichtigsten Aufgaben der Arbeitskunde sein.

V. Qualitative Analyse der Beanspruchungen.

Im Gange der Untersuchung steht die qualitative Analyse der Beanspruchungen zwischen der Analyse der Vorgänge und der quantitativen Analyse der Beanspruchungen. Ohne die eine ist sie nicht möglich, auf die andere muß sie vorbereiten. Anschließend an die Zerlegung in Arbeitselemente soll sie ermitteln, welcher Art der Mensch durch diese Elemente beansprucht wird. Wir können leider nicht einfach sagen: Durch dieses Element wird der Arbeiter folgendermaßen beansprucht! sondern wir müssen jedes Element für sich hernehmen und erörtern. Dabei ergibt sich, daß die Arbeitsleistung, konstante Arbeitskräfte vorausgesetzt, von 2 Veränderlichen: der Arbeit selbst und den Arbeitsbedingungen abhängt und je nach der Variation dieser Veränderlichen schwankt. Das beste wäre nun, wir könnten diese Schwankungen einfach zahlenmäßig ausdrücken. Ob wir je so weit kommen, mag dahingestellt bleiben, zurzeit können wir es nicht. Es bleibt daher zunächst nichts weiter übrig, als zu ermitteln: Durch welche Abänderung der Arbeit und ihrer Bedingungen wird die Arbeitsleistung erhöht oder verringert?

Nehmen wir als Beispiel den Vorgang an einer Straßenbahnhaltestelle an, dessen Analyse wir bereits oben gegeben haben. Hier würde die Analyse der Beanspruchungen, also die Beantwortung der Frage nach den Abänderungen etwa folgendermaßen lauten:

Elemente	Erörterung
1. Fahrt mit Strom. 2. Ausschalten. 3. Fahrt ohne Strom.	1. Festlegung des Zeitpunktes, wo ausgeschaltet werden soll, ist erforderlich. 2. Ermittelung desselben durch Abwägen: Stromersparnis: Zeitersparnis. 3. Entsprechende Anweisung des Fahrpersonals im Fahrunterricht oder durch Merkzeichen.
4. Bremsung. 5. Verzögerung.	1. Einrichtung der Bremsbetätigung so, daß eine allmähliche Bremsung gewährleistet ist. 2. Festsetzung der günstigsten Verzögerung. Zuschläge für mangelnde Geschicklichkeit des Fahrers. 3. Entsprechende Unterweisung des Fahrpersonals (Übungsbremsungen), eventuell Verzögerungsanzeiger.
6. Halten.	1. Abkürzung des Aufenthaltes durch a) Erziehung des Publikums, b) geeignete technische Einrichtungen zur Lenkung des Verkehrsstromes, c) Unterweisung der Schaffner über schnelle Abfertigung.
7. Lösen der Bremse.	Soll vor dem Abfahrzeichen geschehen, daher keine Haltestellen in der Neigung oder wenigstens schnellösende Bremsen.

Elemente	Erörterung
8. Zeichen zur Abfahrt.	1. Kann bereits kurz vor beendetem Einsteigen des letzten Fahrgastes gegeben werden, da das Einsteigen in der Zeit bis zum Ingangsetzen des Wagens beendet wird. Entsprechende Erziehung der Schaffner.
	2. Geeignete Signaleinrichtung, die auch vom abgestiegenen Schaffner betätigt werden kann.
9. Einschalten.	Muß ohne Verzögerung erfolgen. Entsprechende Erziehung des Fahrers (nicht umsehen).
10. Anfahren.	Festsetzung der günstigsten Anfahrtsbeschleunigung usw., vgl. oben unter Bremsung.
11. Fahrt mit Strom.	

In der Spalte Erörterungen sind hier nur Stichworte angegeben, um anzudeuten, in welchem Sinne sich die Untersuchung zu bewegen hätte.

Ein weiteres Beispiel sei dem Eisenbahnbetrieb entnommen. Dort habe sich bei der Analyse der Vorgänge das Element: Erfassen des Signals ergeben. Es entstehen dann Probleme wie: welche günstigste Form muß ich dem Signalflügel geben, um die größte Fernsichtbarkeit zu erzielen? Ihre Bearbeitung ist qualitative Analyse der Vorgänge.

Für die Wissenschaft handelt es sich nun darum, die Erörterung solcher Arbeitselemente so vorzubereiten, daß sie möglichst durch die Praxis selbst in recht einfacher Weise vorgenommen werden kann. Dazu müssen folgende Arbeiten geleistet werden:

1. Feststellung aller überhaupt möglichen für die Arbeitsorganisation in Betracht kommenden Beanspruchungen des Organismus

   a) durch die Arbeit selbst,

   b) durch die Arbeitsbedingungen.

Dabei wird es am zweckmäßigsten sein, sich an die Gliederung des Organismus anzuschließen und Beanspruchungen des Auges, Ohres, der Muskeln usw. zu unterscheiden. Die Feststellung muß in einer Form getroffen werden, die der weiteren Verwendung der Ergebnisse Rechnung trägt.

2. Für jede Beanspruchung muß dem gegenwärtigen Stand der wissenschaftlichen Kenntnisse und praktischen Erfahrungen entsprechend das Wesentliche im Zusammenhang bearbeitet und in eine knappe Form gebracht werden. Bei den Beanspruchungen des Auges z. B. wären darzustellen: Bau und Funktion des Auges, äußere Einwirkungen, Erkrankungen infolge äußerer Einwirkungen, technische Mittel zum Schutze des Auges, Blendung, Dunkeladaptation usw. Für besondere Fragen wird natürlich immer der Fachmann zu Rate gezogen werden müssen, hier handelt es sich lediglich um solche Tatsachen, die häufig genug wiederkehren, um in der Arbeitsorganisation Berücksichtigung zu finden.

Zu den beiden Veränderlichen: Arbeit und Arbeitsbedingungen kommt noch eine dritte hinzu, die wir zunächst absichtlich vernachlässigt hatten. Die Leistung hängt nämlich in hohem Maße auch von der Eignung der Arbeitskraft ab. Für die Beurteilung dieser Eignung soll uns ebenfalls die qualitative Analyse der Beanspruchungen die erforderlichen Unterlagen liefern. Sie soll uns zeigen, welche Forderungen an die Arbeitskräfte zu stellen sind. Das geschieht wiederum nach der Formel: Durch die und die Beschaffenheit bezw. Veränderung der Arbeitskraft wird die geforderte Leistung verbessert oder verschlechtert. Die Grundsätze für die Auswahl der Geeigneten und ihre Anpassung an die Arbeitsverhältnisse gehören also ebenfalls hierher. Über die Eignung der Arbeitskräfte und die Mittel zu ihrer Feststellung bestehen heute bereits eine ganze Reihe von Untersuchungen. Gesichtspunkte für die Anpassung werden zweckmäßig im Anschluß an Pädagogik und Didaktik aufgestellt.

Bei beiden Problemgruppen: Auswahl und Anpassung nach der angegebenen Formel den fördernden und hemmenden Einfluß von Tatsachen und Maßnahmen zu prüfen, ist somit die dritte Aufgabe der qualitativen Analyse der Beanspruchungen.

VI. Quantitative Analyse der Beanspruchungen.

Auf die qualitative kann die quantitative Analyse der Beanspruchungen folgen. Ihr Kennzeichen ist die Messung. Nicht immer ist diese erforderlich, häufig genügt das Abwägen verschiedener Maßnahmen usw. gegeneinander, dann kommt die quantitative Analyse nicht oder nicht voll zur Wirkung.

Dreierlei Meßbares ist bei jeder Arbeitsleistung zu unterscheiden:

a) Das Leistungsergebnis, d. h. der sichtbare, im Betriebe stets sinnlich wahrnehmbare Erfolg der Arbeit, das Geschaffene, das Werk, die objektive Arbeit.

b) Der organische Leistungsaufwand, d. h. der Verbrauch des Organismus an Muskel- und Nervenkraft, der nur mittelbar in gewissen bezeichnenden Veränderungen des Organismus infolge des Kraftverbrauchs in Erscheinung tritt, die subjektive Arbeit.

c) Der sachliche Leistungsaufwand an Naturkräften, Stoff, Weg und Zeit.

Zur exakten Ermittlung der Beanspruchung des Arbeiters kommt eigentlich nur die Messung des Kraftverbrauchs in Betracht. Da diese unmittelbar nicht durchführbar ist, sind wir auf die Rückschlüsse aus bezeichnenden Veränderungen des Organismus angewiesen. Ferner aber können unter gewissen Voraussetzungen auch das Arbeitsergebnis und der Aufwand an Naturkraft, Stoff, Weg und Zeit der Ermittlung zugrunde gelegt werden. Diese verschiedenen Möglichkeiten wollen wir nunmehr kurz kennzeichnen.

1. Organischer Kraftaufwand.

Sämtliche Möglichkeiten, den organischen Kraftaufwand zu bestimmen, sind zurzeit noch nicht soweit entwickelt, daß sie sich praktisch verwenden ließen. Am weitesten sind wir bei der Berechnung der Gesamtarbeitsleistung aus den Ergebnissen der Messung des respiratorischen Stoffwechsels; doch ist das Verfahren für die Praxis des Betriebes noch viel zu umständlich. Es ist möglich, daß wir allmählich auch aus dem elektrischen Widerstand des Organismus Schlüsse auf den Grad seiner Inanspruchnahme werden ziehen können. Am bekanntesten in dieser Richtung ist das sogenannte psychogalvanische Reflexphänomen. Wir können ferner aus der Ermüdung Rückschlüsse auf den Kraftverbrauch des Organismus ziehen. Doch eignen sich die dafür in Vorschlag gebrachten verschiedenen Methoden (Bestimmung von Reizschwelle oder größter Muskelkontraktion vor und nach der Arbeit, Prüfung der geistigen Leistung nach Kraepelin usw.) ebenfalls noch nicht für die Praxis. Jedenfalls brauchen wir dringend eine einfache Methode zur Bestimmung der aufgewendeten Muskel- und Nervenkraft. Es kommt dabei garnicht so darauf an, absolute Werte zu erhalten, sondern nur darauf, den Einfluß von Veränderungen der Arbeit oder ihrer Bedingungen auf den Organismus genügend genau festzustellen, um ein Urteil über die Zweckmäßigkeit dieser Veränderungen zu gewinnen.

2. Naturkraft, Stoff.

Kraft- und Materialverbrauch können dann als Anhalt für die Arbeitsleistung dienen, wenn sie in einem bestimmten festen Verhältnis zu dieser stehen. Für den Materialverbrauch gilt das besonders dann, wenn es sich um einfache mechanische Stoffbewegungen, wie Verladearbeiten, handelt. Ein interessentes Beispiel für die Heranziehung der Kraftverbrauchsziffern zur Beurteilung der Arbeitsleistung bietet die Untersuchung von Abbe über den Achtstundentag.

3. Weg.

Die zurückgelegten Wege lassen sich der Beurteilung der zu leistenden Arbeit dann zugrunde legen, wenn diese dem Weg direkt proportional ist. Wege kommen in Frage:

a) bei den Verkehrsleistungen.

Im Industriebetrieb und im Baubetrieb spielen die Wege des ganzen Menschen, und zwar einzelner, häufig die Hauptrolle, es sei an die Steinträger, Mörtelträger und Karrenführer erinnert.

In der Verkehrstechnik haben wir es vorwiegend mit Massen zu tun. Die Gesetze ihrer Bewegung und die Inrechnungsetzung ihrer Leistungen ist noch wenig untersucht. Für den einzuschlagenden Weg ein Beispiel: Handelt es sich um die Ermittelung der Leistungen größerer Massen, so ergibt der Weg vom Mittelpunkt der Anfangsstellung zum Mittelpunkt der Endstellung multipliziert mit der durch Zählung oder Schätzung ermittelten Anzahl der Menschen die Gesamtleistung. Der Vergleich der Gesamtleistungen ermöglicht dann einen Vergleich verschiedener baulicher Anlagen oder Anordnungen auf ihre Zweckmäßigkeit. So ist es z. B. möglich, die Frage Linienbetrieb oder Richtungsbetrieb auch nach den Wegeleistungen der Reisenden zu beantworten.

Natürlich muß die in beiden Fällen veränderte Arbeitsleistung bei Steigung und Gefälle entsprechend berücksichtigt werden. Die Werte dafür müssen sich ausdrücken lassen als Vielfaches oder Bruchteil der Arbeitsleistung auf gerader ebener Bahn. Es ist möglich, daß auch in Krümmungen eine Mehrleistung auftritt.

b) bei den Arbeitsbewegungen, d. h. den Bewegungen einzelner Körperteile beim Arbeitsvorgang. Hier können z. B. die Bewegungen der Gliedmaßen im Anschluß an die vorher stattgefundene Zerlegung gemessen werden. Auch die Bewegung der Schwerpunkte bewegter Massen kann für das Maß der Arbeit mit verwendet werden. Besonders geeignet zu solcher Messung ist die Photographie.

4. Zeit.

Die Zeit ist gegenwärtig das am meisten angewandte Mittel zum Vergleich geleisteter Arbeiten untereinander. Sie wird daher auch in der Mehrzahl der Fälle der Entlohnung zugrunde gelegt, während es an sich richtiger wäre, diese auf den tatsächlichen Kraftverbrauch aufzubauen. So lange wir aber die Lösung der Frage nach der Messung der Arbeitskraft noch nicht gefunden haben, sind wir zwar auf die Verwendung der Zeit angewiesen, doch wäre es nicht nötig, solche Fehler wie die Einführung des gleichen Normalarbeitstages für alle Berufstätigkeiten zu machen.

Organisatorisch besitzt die Zeit aber jedenfalls eine besondere Bedeutung, die sie stets behalten wird: für die Regelung des Zusammenwirkens verschiedener Arbeitskräfte. Sobald ein Ineinandergreifen mehrerer Arbeitsleistungen stattfindet, ist die Zeit das einzige Hilfsmittel, dieses zu ordnen. Eines der großartigsten Beispiele dafür ist der Eisenbahnfahrplan, bei dem das Zusammenwirken der Leistungen des Fahrpersonals. des Stationspersonals, des Werkstättenpersonals, des Bahnbewachungs- und Unterhaltungspersonals, der Postbeamten, des Publikums usw. geregelt wird.

Das wichtigste Hilfsmittel der quantitativen Zeitanalyse ist die Stoppuhr, die in weitem Umfange von Taylor und seinen Schülern angewendet worden ist, so daß man sie sogar das Kennzeichen der neuen Wissenschaft genannt hat. Ein großer Vorteil bei ihrer Verwendung liegt darin, daß die Messung mit ihr nur dort erfolgreich sein kann, wo die Zerlegung schon bis in kleinste Einzelheiten stattgefunden hat. Die Stoppuhr hat also einen bedeutenden erzieherischen Wert, da sie zu so eingehender Zerlegung zwingt. An die Stelle der handbedienten Stoppuhr tritt vielfach die mit den Bewegungen zugleich photographierte Sekundenuhr, die sogenannte Gilbrethuhr. Als weiteres Hilfsmittel kommt noch die Selbstregistrierung mit mechanischer oder elektrischer Übertragung hinzu. Sie erfolgt meist auf einen Papier- oder Rußstreifen, der durch Uhrwerk gleichmäßig fortbewegt wird und eine besondere Zeitmarkierung erhält, und eignet sich vornehmlich für Untersuchungen, bei denen Genauigkeiten über $^1/_5$ sec erforderlich sind. Für ganz feine Zeitmessung finden Chronoskope Verwendung, die Zeitangaben bis zu $^1/_{1000}$ sec machen können.

VII. Schlußwort.

Die Entwicklung von Grundsätzen und Methoden für Zerlegung von Arbeitsleistungen und für die sich daraus ergebende Beurteilung der Zweckmäßigkeit dieser ist aber nur eine, wenn auch große und schwierige Aufgabe der Arbeitskunde. Eine zweite Aufgabe besteht nun darin, für die Durchführung der Beobachtungen und die Anwendung der Hilfsmittel selbst wieder Methoden anzugeben. Es kommt das darauf hinaus, die Betriebsleiter in der Verwendung des ihnen einmal gebotenen Rüstzeugs zu unterweisen. Wenn es nun auch am besten sein wird, diesen Teil der Arbeitskunde in das technische Schulwesen aller Grade einzureihen, klar werden müssen wir uns über den einzuschlagenden Weg auf jeden Fall; auch ist es wichtig, die Grenzen, innerhalb deren eine Behandlung von Arbeitsvorgängen durch die Arbeitkunde überhaupt erst Erfolge verspricht, möglichst scharf auszuprägen. Vieles enthalten dafür die Schriften des Taylorismus, doch ist dies Viele wiederum sehr verstreut. Es heißt also auch hier abermals: sammeln und systematisch bearbeiten. Dann werden sich eine Reihe von Beobachtungsanweisungen aufstellen lassen z. B. „schreibe jede Beobachtung sofort nieder", auch werden sich weitere Hilfsmittel ergeben wie Formulare, Einrichtungen, um die Beobachtung ohne Beunruhigung des Beobachteten durchführen zu können usw. Alles das wird noch manche Arbeit und besonders noch manchen Meinungsaustausch erfordern. Erst dann werden wir die Analyse, die Methode der Arbeitskunde, genügend ausgebaut haben, um allgemeine, nicht nur vereinzelte Erfolge zu erzielen.

Damit ist die Kennzeichnung des Hauptgebietes der Arbeitskunde zu Ende. Wir haben es bei ihr mit den Elementen der Betriebsvorgänge zu tun. Die Gewinnung, Prüfung und zweckmäßigste Gestaltung dieser Elemente und ihrer Anordnung ist der Inhalt der jungen Wissenschaft; diese bildet somit die Grundlage für die Tätigkeit des Organisators. Wir sagen nicht: „nur die Grundlage", denn es wäre falsch die Bedeutung dieser Grundlagen gering einzuschätzen. Wohl ist es Kleinarbeit, die geleistet wird, aber Kleinarbeit, für die das Wort „Kleine Ursachen, große Wirkungen!" in vollem Maße gilt. Die Anerkennung der Bedeutung der Arbeitskunde, auch in weitesten Kreisen, wird also bestimmt einmal kommen, sie wird um so schneller kommen, je mehr es gelingt, die Anwendungen zunächst auf die Fälle zu beschränken, wo wirklich große und sichtbare Erfolge zu erzielen sind. Es wäre grundfalsch, mit einem Male wahllos alle Betriebe und wieder in jedem Betriebe jede Arbeitsleistung umgestalten zu wollen; dazu ist die Arbeitskunde noch viel zu jung. Erst müssen weitere Erfahrungen gesammelt, erst müssen die Methoden und grundlegenden Kenntnisse vervollkommnet werden, dann erst kann man von den leichten zu den schwierigen Aufgaben schreiten, deren letzte und größte in weiter Ferne winkt: die Mitwirkung bei der zweckmäßigen Gestaltung der gesamten menschlichen Arbeit.

Zusammenfassung.

1. Jeder Betrieb setzt sich aus zwei Gruppen von Elementen zusammen:

aus rein technischen Vorgängen und
aus Arbeitsvorgängen.

2. Die theoretischen Grundlagen der rein technischen Vorgänge werden in den theoretischen Wissenschaften der Physik, Chemie usw. behandelt. Die Anwendung dieser theoretischen Grundlagen auf die Praxis bildet das Gebiet der rein technischen Wissenschaften.

3. Die theoretischen Grundlagen der Arbeitsvorgänge werden in den theoretischen Wissenschaften der Physiologie, Psychologie usw. behandelt. Die Anwendung dieser theoretischen Grundlagen auf die Praxis bildet das Gebiet der Arbeitskunde.

Sie hat im wesentlichen zu untersuchen, mit welchen Mitteln die zwei Forderungen:

Es darf keine unnütze Arbeit geleistet werden, und:
Es müssen alle die Leistung fördernden Momente ausgenutzt, alle sie hemmenden Momente ausgeschaltet werden!

in der Praxis verwirklicht werden können.

4. Im technischen Betriebe bestehen zwischen den rein technischen Wissenschaften und der Arbeitskunde enge Beziehungen (Betriebswissenschaft). Beide lassen sich daher in der Bearbeitung nie ganz trennen, nur kann man das eine oder andere Gebiet bewußt in den Vordergrund stellen und das andere nur insoweit berücksichtigen, als es zum Verständnis unbedingt nötig ist.

5. Während die rein technischen Wissenschaften schon weit entwickelt sind, fehlt noch der systematische Ausbau der Arbeitskunde. Wege dazu sollten in diesem I. Teil umrissen werden. Der Aufbau schließt sich an den in der Praxis notwendigen Gang der Untersuchung an.

6. Der Gang der Untersuchung, wie ein festgesetztes Ziel hinsichtlich der Arbeitsvorgänge am zweckmäßigsten erreicht werden kann, ist in großen Zügen folgender:

a) Feststellung: Was geschieht überhaupt? In welcher zeitlichen und räumlichen Anordnung und Abhängigkeit vollzieht sich das Geschehen? Dabei: Trennung des rein Technischen von den Arbeitsvorgängen; diese werden bewußt in den Vordergrund gestellt. In Verbindung damit:

Darstellung des Festgestellten zur Gewinnung eines klaren Überblicks. (Analyse der Vorgänge.)

b) Untersuchung, auf welche Weise sich die einzelnen Teile des Vorgangs zweckmäßiger gestalten lassen. Verbesserungen sind möglich durch Umgestaltung des Arbeitenden — der Arbeitsbedingungen — der Arbeit selbst. (Qualitative Analyse der Beanspruchungen.)

c) Feststellung der Verbesserungen, die so zu erreichen sind, sowohl relativ d. h. des Grades der Verbesserung, als auch absolut, d. h. der damit zu erreichenden Leistungen. (Quantitative Analyse der Beanspruchungen.)

7. Der Ausbau der bei diesem Gang der Untersuchung erforderlichen Methoden, Hilfsmittel und grundlegenden Tatsachen ist eine der nächsten und wichtigsten Aufgaben der Arbeitskunde.

Zweiter Teil.

Einleitung.

Die bisher auf dem Gebiete der Betriebswissenschaft durchgeführten Untersuchungen sind vorwiegend nach der Seite des Fabrikbetriebes, vereinzelt der des Baubetriebes erfolgt. Ein wenigstens ebenso dankbares und für die Allgemeinheit wichtiges Feld der Anwendung der Arbeitskunde ist die Verkehrstechnik, zumal die des Personenverkehrs.

Neben dem großen aktiven wie passiven Anteil des Menschen eignet sich das Gebiet deshalb besonders, weil gleiche oder ähnliche Verhältnisse sich sehr häufig wiederholen, jede gewonnene Verbesserung also nicht nur einem einzelnen Fall, sondern einer meist beträchtlich großen Anzahl von Fällen zugute kommt. Jede kleine Verbesserung bedeutet also einen großen Fortschritt in menschenökonomischer Beziehung. Hinzu kommt die große Bedeutung, die der Betriebssicherheit in der Verkehrstechnik zukommt. Es ist bekannt, wie wichtig in allen Sicherheitsfragen die Durcharbeitung und Berücksichtigung der kleinsten Nebenumstände ist. Da gerade diese von der Arbeitskunde zum Gegenstande der Untersuchung gemacht werden und in den Fragen der Betriebssicherheit stets die menschliche Leistung letzten Endes das Entscheidende ist, so ist das ein weiterer Grund, die Fragen des Verkehrsbetriebes auch durch die Arbeitskunde bearbeiten zu lassen.

In zahlreichen vorhandenen verkehrstechnischen Arbeiten werden zwar schon Arbeitsfragen in weitem Umfange berücksichtigt, ihre Bearbeitung unterscheidet sich jedoch darin wesentlich von der im Sinne der Arbeitskunde, daß die Arbeitsvorgänge nicht systematisch, losgelöst von den rein technischen und unter sich im Zusammenhange, behandelt werden. Der Vorteil und damit das Wünschenswerte einer arbeitkundlichen Behandlung ergibt sich daraus ohne weiteres.

Als Beispiel für eine Anwendung der im ersten Teil gegebenen Grundsätze und Methoden ist die Besprechung von Arbeitsvorgängen im städtischen Schnellbahnbetriebe gewählt worden. Die Gründe für diese Wahl sind teils persönlicher, teils sachlicher Art. Persönlicher Art insofern, als die in Frage kommenden Verhältnisse für den Verfasser seit Jahren Gegenstand praktischer wie theoretischer Studien gewesen sind, sachlicher Art aus folgenden Erwägungen:

1. Das gewählte Beispiel zeigt besonders deutlich, von welchem Einfluß die Lösung der Arbeitsfragen für den Grad sein kann, in dem ein technischer Betrieb wirtschaftliche Aufgaben von größter Bedeutung zu bewältigen in der Lage ist.

2. Das Gebiet des städtischen Verkehrswesens ist nicht nur einem engen Kreis von Fachleuten bekannt und verständlich, da ein großer Teil der ganzen Betriebsvorgänge sich in voller Öffentlichkeit abspielt.

Da es sich lediglich darum handelte, die im ersten Teil gegebenen Ausführungen zu erläutern und auf die Bedeutung der Arbeitsfragen für die Praxis hinzuweisen, war eine irgendwie erschöpfende Darstellung der Verhältnisse beim städtischen Schnellbahnverkehr nicht beabsichtigt. Welche Probleme und warum gerade diese herausgegriffen worden sind, wird im nächsten Abschnitt ausgeführt werden. Hier wollen wir nur noch darauf hinweisen, daß gewisse Voraussetzungen angenommen sind, um eben das Wesentliche besser hervortreten zu lassen. Die wichtigsten Voraussetzungen in diesem Sinne sind: elektrische Zugförderung und selbsttätige Signalumstellung.

Da es ferner bei der ganzen Arbeit nur darauf ankommt, das Grundsätzliche an Leitgedanken und Methoden herauszuheben, ist auf alle genauen Werte wie zahlenmäßige Angaben mit voller Absicht verzichtet worden. Auch die Diagramme sind ohne Zahlenangaben, nur mit Rücksicht auf die graphische Darstellung der Gedankengänge, entworfen.

I. Die allgemeinen Voraussetzungen für dichteste Zugfolge.

Für alle städtischen Schnellbahnen tritt früher oder später die Frage auf, wie die größte Leistungsfähigkeit zu erreichen sei. Zweierlei ist auf diese, d. h. auf die von der Bahn in begrenzter Zeit im günstigsten Falle zu befördernde Personenmenge von Einfluß: Platzangebot in einem Zuge und Zugfolge. Für das Platzangebot ist die Zahl der Wagen eines Zuges und der in jedem Wagen zur Verfügung stehende Raum bestimmend. Auch dabei kommen Arbeitsprobleme in Betracht, doch sollen sie uns hier nicht beschäftigen. Unsere Untersuchung soll vielmehr dem andern bestimmenden Faktor, der Zugfolge, gelten. Dichteste Zugfolge ist das gestellte Ziel, die Einflüsse darauf, soweit es sich um Arbeitsfragen handelt, sind hier zu prüfen.

Die Zugfolge bestimmt sich aus Erwägungen der Betriebssicherheit: Der Abstand zwischen zwei aufeinanderfolgenden Zügen muß so groß sein, daß ein Auffahren des folgenden Zuges auf den vorhergehenden unter allen Umständen vermieden wird. Erreicht wird das durch Zerlegung der Strecke in Abschnitte und Befolgung des Grundsatzes, daß sich in einem Abschnitt immer nur ein Zug befinden darf. (Blocksystem.) Im normalen Vollbahnbetriebe rechnet man einen Abschnitt von Signal zu Signal; man setzt dabei voraus, daß ein Zug vor einem die Weiterfahrt verbietenden Signal mit Sicherheit zum Stehen gebracht werden kann.

Für den städtischen Schnellbahnbetrieb genügt aber die eben besprochene für den gewöhnlichen Vollbahnverkehr gültige Forderung noch nicht. Hier ist vielmehr noch eine weitergehende Sicherheit notwendig. Der Grund dafür ist wohl in erster Linie in der starken Häufung der Signale und in der geringeren Übersichtlichkeit der Strecke infolge ihrer scharfen Krümmungen zu suchen. Infolgedessen wird hier noch die Forderung gestellt: Ein Zug, der ein Haltsignal aus irgendwelchen Gründen überfährt, muß automatisch zum Stehen gebracht werden; er darf dabei auf seinem Bremsweg, der sogenannten Sicherheitsstrecke, keinesfalls einen andern Zug vorfinden. Dieser Bremsweg für den Gefahrfall ist mit einem hier nicht näher zu erörternden Zuschlag für Gefälle, verminderte Reibung usw. zu berechnen.

Bezeichnen wir die Strecke zwischen zwei Signalen auch hier als „Abschnitt", so ist klar, daß die Zugfolgezeit stets gleich dem größten Aufenthalt eines Zuges innerhalb eines Abschnitts ist. Die größten Aufenthalte finden aber stets in einem Stationsabschnitt statt, bei dem zu der an sich schon durch die Bremsverzögerung oder Anfahrtsbeschleunigung verringerten Streckengeschwindigkeit noch die Aufenthaltszeiten kommen. Die möglichste Verringerung der Aufenthaltszeiten an den Haltestellen ist somit das erste Arbeitsproblem von größter Bedeutung, das uns entgegentritt. Daß eine solche Verringerung nicht an allen Haltestellen nötig wird, kann dabei außer Betracht bleiben.

Da man ein Abschnittsende stets an ein Stationsende zu legen pflegt, liegt im Haltestellenabschnitt auch ein großer Teil des Bremsweges. Zu geringe Verzögerung bedeutet also abermals eine Verlängerung dieser Abschnittszeit, auf die es besonders ankommt. Die Einhaltung der vorgeschriebenen Bremsverzögerung ist also eine weitere arbeitstechnische Aufgabe, die uns gestellt wird. In Verbindung damit mag die Gefahrbremsung behandelt werden. Sie ist auf die Festsetzung der Streckengeschwindigkeit von Einfluß, diese natürlich auf die ganze Leistungsfähigkeit der Bahn.

Unregelmäßigkeiten im Streckenbetrieb, wie Nichteinhalten des Fahrplans, müssen stets dazu führen, den ganzen Betrieb, bei dem mit Sekunden gerechnet wird und wo ein Zug immer vom andern abhängt, zu stören und seine Leistungsfähigkeit zu verringern. Ausgleich einmal gemachter Verspätungen durch zu schnelles Fahren wird somit zu einer naheliegenden Betriebsgefahr. Von den arbeitstechnischen Mitteln zu ihrer Verringerung soll im Abschnitt Einhaltung der festgesetzten Streckengeschwindigkeit die Rede sein.

Bei vollem Betrieb wird es die Regel sein, daß ein Signal erst im letzten Augenblick, ehe der Zug es erreicht, auf freie Fahrt geht. Daraus ergeben sich eine Anzahl Arbeitsfragen, die im Abschnitt Signalgebung und Signalbefolgung behandelt werden.

Das bisher Gesagte läßt zur Genüge erkennen, daß die Führertätigkeit bei einer städtischen Schnellbahn eine Präzisionsleistung ersten Ranges ist. Sie durch Schaffung günstigster Arbeitsbedingungen für das Fahrpersonal zu erleichtern, ist daher eine weitere wichtige Aufgabe.

Endlich muß aber aus dem gleichen Grunde der Auswahl, Ausbildung, Prüfung und Weiterbildung des Fahrpersonals größte Beachtung geschenkt werden.

Weitere Arbeitsprobleme sollen hier nicht zur Sprache gebracht werden. Wir müssen aber nochmals ausdrücklich betonen, daß nur ein kleiner Teil der Arbeitsfragen, die im städtischen Schnellbahnbetriebe auftreten, damit in den Kreis der Betrachtung gezogen und selbst dieses wenige nicht einmal erschöpfend behandelt worden ist. Insbesondere ist die Leistung der Stellwerksbeamten und das ganze Verhalten bei Betriebsstörungen überhaupt nicht berücksichtigt. Das Gesagte wird aber immerhin genügen, um den eingangs besprochenen Zweck zu erfüllen.

II. Möglichste Verringerung der Aufenthalte auf den Haltestellen.

Der Aufenthalt eines Zuges auf der Haltestelle geht vom Augenblick des Haltens bis zum Augenblick des Anfahrens. In diesem Zeitraume spielen sich folgende Vorgänge ab (Analyse der Vorgänge): Öffnen der Türen — Entleerung der Wagen — Füllung der Wagen — Schließen der Türen — Abrufen — Zeichen zur Abfahrt — Lösen der Bremse und Einschalten.

Zu den einzelnen Punkten ist folgendes zu bemerken:

1. Öffnen der Türen.

Wenn die Türe im Augenblick des Haltens bereits geöffnet ist, wird die für die Öffnung der Türen anzusetzende Zeit des Aufenthalts gleich Null. Wo somit automatische Türöffnung in Betracht kommt, müßten die Türen sich unmittelbar vor dem völligen Anhalten des Zuges öffnen, läßt sich die Mitwirkung des Publikums also ganz entbehren. Wo dieses aber die Türöffnung selbst vornehmen muß, sind Erwägungen arbeitskundlicher Art am Platze. Im allgemeinen werden bei den städtischen Schnellbahnen nur Schiebetüren verwendet. Diese sollten sich stets nur in der Fahrtrichtung öffnen lassen; andernfalls muß beim Öffnen dem Beharrungsvermögen der Tür beim Bremsen entgegengewirkt werden, was stets zu Zeitverlust Anlaß gibt. Durchführbar ist diese Forderung ohne weiteres dort, wo entweder nur Außenbahnsteige oder nur Innenbahnsteige vorhanden sind, wie aus Fig. 4 hervorgeht. Die Durchbildung der Klinken ist bereits derart vollkommen, daß sich weitere Ausführungen darüber erübrigen.

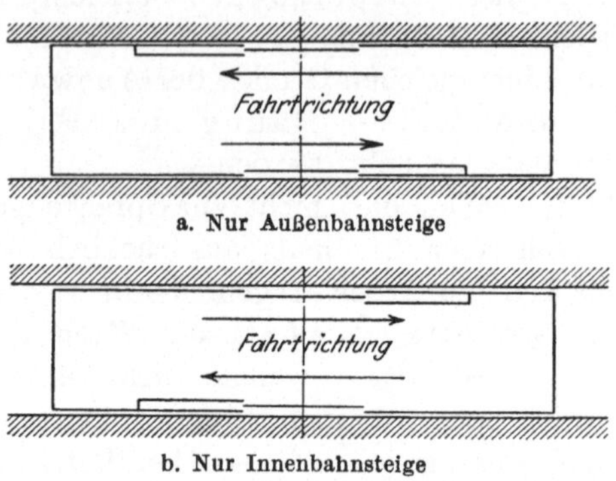

Fig. 4. Anordnung der Schiebetüren.

2. Entleerung der Wagen.

Die Entleerung der Wagen muß im Augenblick des Haltens beginnen. Dazu ist nötig, daß das aussteigende Publikum bereits an den Ausgängen bereitsteht. Der Wechsel von Außen- und Innenbahnsteigen bringt eine Unsicherheit, wo nun eigentlich ausgestiegen wird, mit sich, erschwert also die Erfüllung der Forderung schneller Entleerung. Daß genügend viele und genügend breite Ausgänge vorhanden sein müssen, versteht sich von selbst.

Die Zahl der Ausgänge hängt von der Bauart der Wagen ab, über ihre Breite ist einiges zu sagen. Man hat nämlich die Türbreite so bemessen, daß zwei Personen zugleich aus- oder einsteigen können. Da die Tür aber nicht in voller Breite freigegeben wird und fast nie zwei Personen zugleich durch die Öffnung gehen, so entspricht die Leistungsfähigkeit nicht dem Doppelten, sondern im allergünstigsten Falle dem $1^1/_2$fachen der einfachen Türe. Will man wirklich das Doppelte erreichen, so muß man die Ausgänge noch einmal teilen, durch eine Stange oder besser noch durch eine kurze Trennwand (vgl. Fig. 5), wie dies bei Straßenbahnen bereits durchgeführt ist.

Ein weiteres Erfordernis für schnelle Entleerung ist das Freihalten der Ausgänge. Hier gilt zunächst dasselbe, was bereits oben über das Bereitstehen an den Türen gesagt ist. Außerdem zeigt sich aber, daß die bisher angewandte Erziehung des Publikums nichts oder nur wenig gefruchtet hat. An ihre Stelle sollte vielmehr der Grundsatz treten, den Ausgang baulich so einzurichten, daß er unbedingt freigehalten werden muß. Die Fig. 5 gibt einen Anhalt dazu. Jeder bei x Stehende würde im Augenblick des Haltens durch den ausgehenden Verkehrsstrom ohne weiteres nach außen gepreßt werden, so daß die Stelle nur von solchen besetzt werden könnte, die wirklich auf der nächsten Haltestelle aussteigen wollen. Die Freihaltung des Zugangs zum Ausgang, mit y bezeichnet, würde keine weiteren Schwierigkeiten machen.

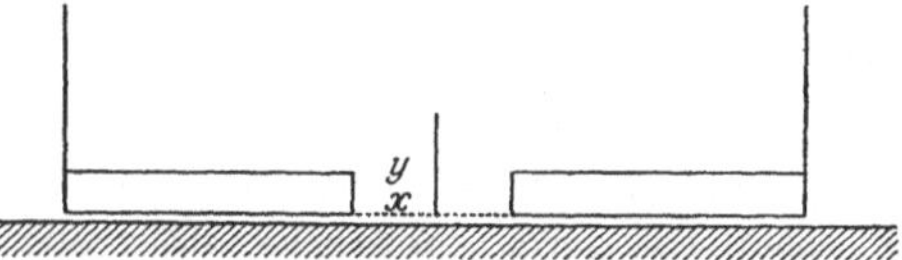

Fig. 5. Trennwand bei den Ausgängen.

3. Füllung der Wagen.

Das über die Breite der Ausgänge Gesagte gilt auch für die Füllung der Wagen. Es ist möglich, daß man einmal auf getrennte Ein- und Ausgänge zukommt. Sie wären räumlich zu trennen, also nicht unmittelbar nebeneinander anzulegen, da im letzteren Falle die Stauung des zuströmenden Publikums den freien Abgang erschwert. Auf die Schnelligkeit der Füllung der Wagen ist jede Klasseneinteilung, zu der auch die Einteilung in Raucher und Nichtraucher zu rechnen ist, vom Übel. Ebenso wirkt es verzögernd, wenn von einem Bahnsteige Züge mit verschiedenen Fahrzielen abgehen. Dies hat nämlich zur Folge, daß bei keinem Aufenthalt eines Zuges eine vollständige Entleerung des meist ziemlich schmalen Bahnsteiges stattfindet, so daß stets eine Anzahl Bewegungswiderstände für die zu- und abströmenden Reisenden bestehen bleiben.

Von erheblichem Einfluß auf den Zu- und Abgang von den Zügen ist ferner, wie noch wenig beachtet, die Regelung des Abgangs von den Bahnsteigen. Je schneller ein Bahnsteig entleert werden kann, desto schneller und ungehinderter kann der Personenwechsel am Zuge vor sich gehen. Für einen schnellen Abgang vom Bahnsteige ist ebenfalls eine gewisse Trennung von Zu- und Abgangswegen notwendig. Es kann hier nur angedeutet werden, daß das planmäßige Studium von Menschenmengen für derartige Fragen Bedeutung gewinnen kann. Wir können eine regelrechte Lehre von den Menschenströmen aufstellen, die in ihrer Eigenart vielfach die gleichen Erscheinungen wie strömendes Wasser aufweisen.

Neben den technischen Mitteln zur Regelung wird stets auch die Erziehung des Publikums von Wichtigkeit sein. Dies ist deutlich aus dem Verhalten des Publikums in verschiedenen Städten bei gleichen technischen Einrichtungen zu erkennen. Wir müssen uns aber darüber klar sein, daß Ermahnungen durch Anschläge usw. niemals den gewünschten Erfolg haben, sondern daß nur eines wirksam erzieht: die Notwendigkeit. Wenn die Züge z. B. sich nach Ablauf ihres fahrplanmäßigen Aufenthalts einfach wieder in Bewegung setzen, so ist das sicher das beste Mittel, das Publikum zur schnellen Abfertigung zu erziehen, vorausgesetzt, daß es gelingt, die Unfallgefahr auf ein genügendes Maß herabzusetzen.

4. Schließen der Türen.

Sobald das Schließen der Türen zwischen dem Besteigen des Wagens durch den letzten Fahrgast und dem Zeichen zur Abfahrt liegt, verlängert die dafür aufgewendete Zeit den Aufenthalt. Ist genügend Schließpersonal vorhanden, und dieses sehr gut eingearbeitet, so kann die Zeit, die jetzt immerhin einige Sekunden in Anspruch nimmt, auf Null verringert werden. Ob bei automatischem Türverschluß eine weitere Zeitverringerung möglich ist, ist fraglich, da dann die günstige Wirkung der zur Eile antreibenden Schließer fortfällt.

5. Abrufen. 6. Zeichen zur Abfahrt.

Die zurzeit übliche Art abzurufen und das Zeichen zur Abfahrt zu geben, ist zum wenigsten bei langen Zügen und starkem Verkehr unzweckmäßig. Das Abrufen müßte überhaupt fortfallen, das Zeichen zur Abfahrt dann von einem Aufsichtsbeamten gegeben werden, der den ganzen Bahnsteig und alle Zugeingänge übersehen kann. Durch ein akustisches oder optisches Zeichen in oder am Führerstand ließe sich der geringste Zeitverlust erreichen, wenn man nicht die selbsttätige Signalisierung in dem Augenblick, wo alle Türen geschlossen sind,. vorzieht. Der Nachteil des letzteren gegenüber dem ersteren Wege ist der, daß hier die Zeit zum Schließen wenigstens einer, der letzten, Türe noch in die Aufenthaltszeit fällt, wogegen sonst bereits der Abfahrbefehl erteilt werden kann, während die letzte Tür noch geschlossen wird.

7. Lösen der Bremse und Einschalten.

Die Zeit zwischen dem Abfahrtszeichen und dem Einschalten, also dem Beginn der Bewegung des Zuges, kann innerhalb einer halben Sekunde gehalten werden, wenn das Lösen der Bremse bereits vorher erfolgt ist, d. h. die Stationen nicht in der Neigung liegen, und wenn der Fahrer, der ja die Dauer des Aufenthalts genau kennt, bereits auf dem Sprunge steht einzuschalten, sodaß es nur noch des Reizes bedarf, um die Bewegung mit der größten Schnelligkeit einzuleiten.

III. Einhaltung der festgesetzten Bremsverzögerung, Durchführung der Gefahrbremsung.

Der Verzögerung der Züge kommt im Rahmen unserer Aufgabe eine große Bedeutung zu, da bei ihr besonders die notwendige Präzision der Arbeit zum Ausdruck kommt.

Wird nämlich beim Einfahren in die Haltestelle zu stark gebremst, so leidet das Publikum darunter und die Bremsung kann zu Unfällen der Fahrgäste Anlaß geben; wird zu schwach gebremst, so verlängert sich die Haltestellenabschnittszeit, also gerade die, von der die ganze Zugdichte abhängt; setzt die Bremsung an der falschen Stelle ein, so kommt der Zug auf einem falschen Fleck zum Stehen, wobei jede Korrektur erheblichen Zeitaufwand erfordern würde.

Die für die Betriebsbremsung festzusetzenden Verzögerungswerte werden nach technischen Erwägungen bestimmt. Während die Bestimmung des Grenzverzögerungswertes bei der Gefahrbremsung eine rein technische Frage ist, ist die Betriebsbremsung eine Arbeitsfrage, sie ist von der Beanspruchung des

Publikums abhängig. Für Sitzrichtung quer zur Fahrtrichtung liegen Untersuchungen von Martens vor. Sie wären auch auf die anderen Arten der Sitze und auf stehende Personen auszudehnen. Die Inneneinrichtung der Wagen muß diesen Werten angepaßt sein, d. h. sie muß den Wirkungen der Verzögerung möglichst entgegenarbeiten, z. B. durch Querteilung der Längssitze, Griffe zum Festhalten usw.

Der schwierigste Fall der Betriebsbremsung, der hier allein besprochen werden soll, liegt bei den Haltestellen vor. Zwei Forderungen sind dabei zu erfüllen:

1. Die Bremsverzögerung muß im richtigen Augenblick beginnen, um den Zug bei gleichmäßiger Bremsung an der geforderten Stelle zum Stehen zu bringen.

2. Die vorgeschriebene Normalverzögerung soll dabei möglichst genau eingehalten werden, zu große Bremsverzögerung schadet den Betriebseinrichtungen oder belästigt die Fahrgäste, zu geringe Bremsverzögerung bedeutet Zeitverlust (s. o.). Dazu ist zu bemerken:

Zu 1. Zur Unterstützung des Führers sind Merkzeichen zweckmäßig. Diese sind so anzulegen, daß ein Zug von einer bestimmten Achszahl und Besetzung genau am bestimmten Fleck zum Stehen kommt, wenn die Bremsung am Merkzeichen mit der vorgeschriebenen Stärke einsetzt. Je nachdem nun die Bedingungen andere sind, wird der Führer die Bremsung vor oder nach dem Merkzeichen beginnen. Er bedarf dazu einer gewissen Schulung, die ihm während seiner Ausbildungszeit in recht reichlichem Maße zuteil werden muß.

Zu 2. Die Durchführung der Forderung verlangt Anzeigevorrichtungen, die die Geschwindigkeit des Zuges und die ihm erteilte Verzögerung sofort anzeigen. Die vorhandenen Konstruktionen von Geschwindigkeitsmessern genügen so ziemlich den Anforderungen. Verzögerungsmesser sind dem Verfasser noch nicht bekannt, sie wären so auszubilden, daß nicht nur die Verzögerung, sondern auch jede Abweichung von der vorgeschriebenen Verzögerung zum Ausdruck kommt, also ungefähr wie in Fig. 6 dargestellt. Eine ganz gleichmäßige Verzögerung ist nicht möglich, da der Bewegungswiderstand mit dem Quadrat der Geschwindigkeit wächst, also bei gleichbleibender Bremswirkung die Verzögerung immer größer wird.

Für die Ausführung der Bremsung ist ferner die Durchbildung der Bedienungseinrichtungen von Bedeutung. Sie müssen so eingerichtet sein, daß die Bremsung allmählich eingeleitet wird und eine versehentlich zu starke Bremsung nicht eintreten kann. Bei einer Luftdruckbremse z. B. darf die Betriebsbremsung nicht nur auf einen kurzen Druckpunkt beschränkt bleiben, bei dessen Überschreitung bereits Gefahrbremsung eintritt, vielmehr ist die Gefahrbremsung zweckmäßig durch eine Sperrklinke oder dergleichen zu sichern; erst nach dem Aufheben der Sperre, die sich auch plombieren ließe, dürfte die Gefahrbremsung eintreten.

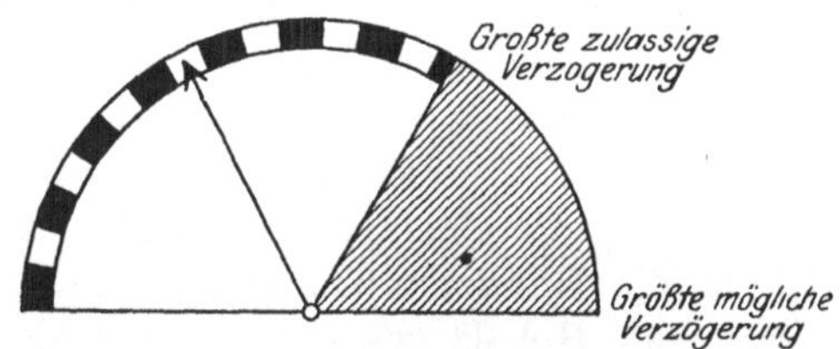

Fig. 6. Schematische Darstellung eines Vermessers.

Gefahrbremsung kann beim plötzlichen Auftreten eines Hindernisses auf freier Strecke oder vor einem Signal erforderlich werden. In beiden Fällen ist die Verkürzung des Gefahrbremsweges, d. h. des Weges vom Augenblick, wo der Führer die Notwendigkeit, schnellstens zu halten erkennt, bis zu dem Augenblick, wo der Zug steht, für die Zugdichte von Bedeutung. Denn von seiner Länge hängt einmal die zulässige Höchstgeschwindigkeit und davon wieder die Sicherheitsstrecke ab. das andere Mal ergibt sich daraus der Grad der Möglichkeit, an ein Halt zeigendes Signal so dicht als möglich heranzufahren, um keine Zeit zu verlieren, falls das Signal noch im letzten Augenblick auf freie Fahrt geht.

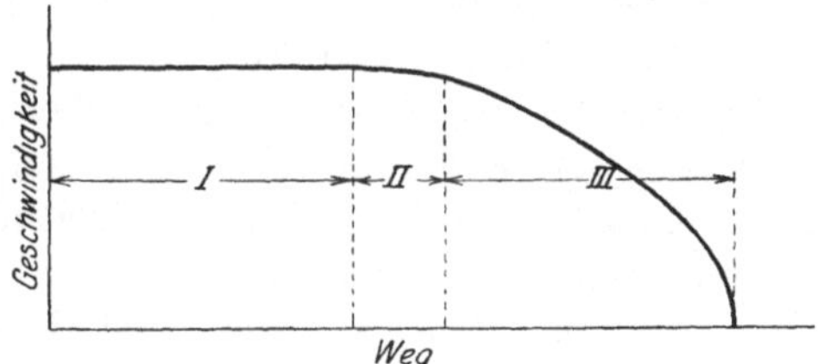

Fig. 7. Teilung des Gefahrbremsweges.

Die Gefahrbremsung, und damit der Gefahrbremsweg, läßt sich zeitlich bzw. räumlich in drei Abschnitte gliedern, wie schematisch in Fig. 7 angedeutet ist. Der Abschnitt I entsteht dadurch, daß der Zug noch ein ganzes Stück in der Zeit fährt, die vergeht vom Augenblick des Erkennens der Gefahr bis zum Beginn der Bremsbetätigung. Abschnitt II umfaßt den während der Einleitung der Bremsung bis zu deren voller Wirksamkeit zurückgelegten Weg, Abschnitt III endlich den eigentlichen Bremsweg. Die Aufgabe ist nun, die Zeit und damit den Weg für diese drei Abschnitte nach Möglichkeit zu verkürzen.

Die Zeit des Abschnitt I läßt sich bei der Gefahrsignalbremsung dadurch verringern, daß geeignete Bremsmerkzeichen wie solche bereits bei verschiedenen Vollbahnen eingeführt sind, aufgestellt werden. Diese veranlassen den Führer, bei Annäherung an einen Gefahrpunkt, sich dadurch vorzubereiten, daß er die Hand an den Bremshebel legt. Die Zeit zum Erfassen des Hebels wird dann für den wirklichen Gefahrfall gespart. Ein ebenfalls nicht gering einzuschätzender Vorteil ist der, daß der Führer psychisch vorbereitet ist, daß es also nur eines geringen Reizes bedarf, um die Handlung auszulösen. Es handelt sich bei den so gemachten Ersparnissen allerdings nur um Sekunden, doch ist zu bedenken, daß ein mit einer Geschwindigkeit von 40 km/st fahrender Zug in einer Sekunde 11,1 m zurücklegt. Wo es sich um jeden Meter handelt, ist das mithin immer von Bedeutung. Bei der Bremsung auf freier Strecke, wo eine solche Vorbereitung nicht stattfindet, sind geeignete Bremseinrichtungen von besonderer Wichtigkeit. Es heißt das: die Betätigungseinrichtungen der Bremse sollen so eingerichtet sein, daß ihre Betätigung mit dem geringsten Zeitaufwande erfolgen kann. Ist beispielsweise ein Bremshebel so gelegen, daß der Führer erst eine Wendung und Beugung mit seinem Körper ausführen muß, so wird immerhin einige Zeit bis zur Betätigung vergehen. Die Zeit zu II läßt sich abkürzen, wenn die Betätigung aller mit der Bremsung zusammenhängenden Organe, also auch des Sandstreuers, durch einen kurzen Griff erfolgen kann. Ein Einfluß auf den Abschnitt III läßt sich arbeitstechnisch nicht erreichen.

IV. Einhaltung der festgesetzten Streckengeschwindigkeit.

Die Ermittelung der notwendigen Fahrzeiten und ihre Einhaltung bietet bei den städtischen Schnellbahnen mit elektrischem Antrieb bedeutend weniger Schwierigkeiten wie bei den gewöhnlichen Vollbahnen. Der Grund dafür liegt zunächst in der Verwendung des elektrischen Antriebes. Die Elektromotoren vertragen ohne Schädigung eine Überlastung für kurze Zeit, man kann also auch in Strecken größeren Widerstandes, z. B. in Steigungen, mit der normalen Fahrgeschwindigkeit weiterfahren, während bei der Dampfbahn stets auf die Füllung der Lokomotivzylinder Rücksicht genommen werden muß. Wir brauchen bei der elektrischen Schnellbahn nur zwischen einer normalen Fahrgeschwindigkeit — der Streckengeschwindigkeit — und ihren an bestimmten Punkten notwendigen Verringerungen zu unterscheiden. Für die Einhaltung der Fahrgeschwindigkeit gelten dann die zwei Forderungen:

1. Die Fahrgeschwindigkeit darf nicht unter das vorgeschriebene Maß sinken, sonst entstehen Zeitverluste, es leidet also die geordnete Zugfolge.

2. Die Fahrgeschwindigkeit darf nicht über das vorgeschriebene Maß steigen, sonst leidet die Betriebssicherheit.

Der Gefahr zu 1. läßt sich dadurch begegnen, daß man die Fahrzeit für die Abschnitte so reichlich nimmt, daß der Führer nicht zu hetzen braucht, um in der Fahrzeit zu bleiben und daß er geringe Verspätungen wieder einholen kann. Die Einhaltung der oberen Grenze der Fahrgeschwindigkeit gestaltet sich demgegenüber schwieriger und wir müssen etwas weiter ausholen.

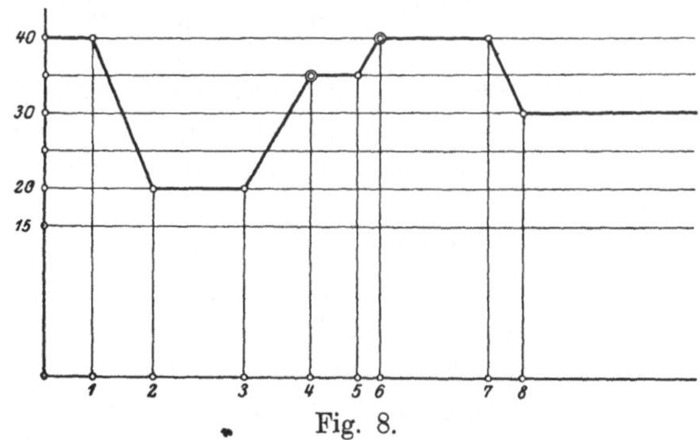

Fig. 8.

Läßt man die Übergänge von einer Geschwindigkeit zur andern außer Betracht, so entsteht das in Fig. 8 wiedergegebene Geschwindigkeitsdiagramm einer Schnellbahnstrecke. In ihm stellt die durchlaufende Linie die jeweilige Höchstgrenze der Geschwindigkeit dar. Es ist nun notwendig, dem Führer anzugeben, wann er die Geschwindigkeit verringern muß und wann er sie wieder steigern darf; damit aber die Verringerung auch bis zum Beginn der Längsamfahrstrecke beendet ist, muß auch deren Anfang besonders hervorgehoben werden. Es ist selbstverständlich, daß die einfache Angabe: Verzögern und Beschleunigen nicht genügt, sondern daß die zu fahrende Geschwindigkeit in km/st angegeben wird. Es machen sich somit drei Arten von Zeichen für die Führer notwendig:

Verringern auf ... km/st
Bleiben auf ... km/st
Beschleunigen bis ... km/st.

Die Stellen, wo diese Zeichen hingehören, ergeben sich aus Fig. 8.

Die Durchbildung der Merkzeichen könnte etwa in der Art und Weise erfolgen, wie die Neigungsanzeiger ausgebildet sind. Fig. 9 gibt das Nähere an.

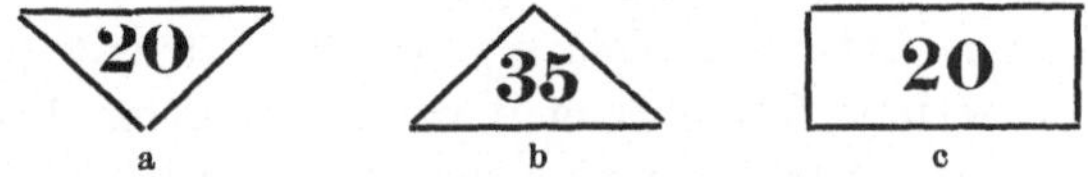

Fig. 9. Durchbildung der Merkzeichen.
(Es bedeuten: a = Verringern auf 20 km/st!
b = Steigern auf 20 km/st!
c = Nicht über 20 km/st kommen!)

Aus dem Gesagten geht hervor, daß die vom Zuge tatsächlich gefahrene Geschwindigkeit nicht genau der in Abb. 9 dargestellten Höchstgeschwindigkeitslinie entspricht. Um nämlich die lebende Kraft des Zuges auszunutzen und damit Strom zu sparen, verläuft die theoretische Fahrkurve des Zuges nach Fig. 10. In der Praxis aufgenommene Kurven zeigen auf grader ebener Strecke, also bei annähernd gleichem Widerstand, tatsächlich dieses Bild. Die von uns angegebene Höchstgeschwindigkeitskurve könnte dann bei Verspätung eingehalten werden, wodurch ein Aufholen verlorener Zeit stattfände.

Die Höchstgeschwindigkeitskurve ist aber auch noch in anderer Beziehung von Bedeutung. Sie bildet nämlich die

Grundlage für eine automatische Regelung der Zuggeschwindigkeit, von der neuerdings verschiedentlich gesprochen wird. Es brauchte nämlich an den Stellen, wo eine Geschwindigkeitsab- oder -zunahme erfolgen muß, nur der Regler, der den Zug auf einer bestimmten Geschwindigkeit halten soll, jedesmal umgeschaltet werden.

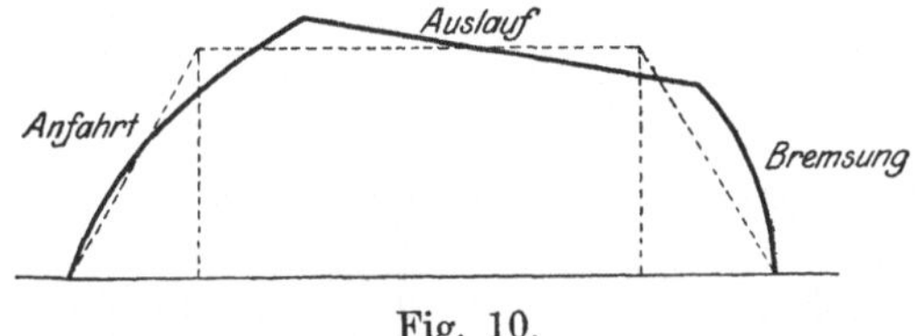

Fig. 10.

Außer den Merkzeichen auf der Strecke braucht der Führer zum Einhalten der vorgeschriebenen Geschwindigkeiten noch einen Geschwindigkeitsmesser, der ihm die jeweilige Geschwindigkeit des Zuges anzeigt. Seine Konstruktion ist ein rein technisches Problem, wir müssen aber die bereits oben ausgesprochene Forderung wiederholen, daß eine Veränderung der Geschwindigkeit so schnell wie möglich angezeigt wird. Auch ist die Art, wie die Anzeige erfolgt, eine Arbeitsfrage. Gebräuchlich ist die Verwendung von Zeigern. Da aber der Führer immer nur einen kurzen Blick nach dem Messer werfen kann und jeder Irrtum beim Ablesen ausgeschlossen sein muß, wäre zu prüfen, ob nicht vielleicht andere Anzeigevorrichtungen, z. B. wie in Fig. 11 angegeben, besser wären. Beim Überschreiten der höchten zulässigen Geschwindigkeit sollte in jedem Falle ein akustisches Signal ertönen, auch könnte in diesem Falle der Strom selbsttätig unterbrochen werden.

Fig. 11.

V. Signalgebung und Signalbefolgung.

Von der Art, wie ein Signal gegeben wird, hängt ab, wie es befolgt wird. Zur Signalgebung verwenden wir in Deutschland:

bei Tage: Flügel am Mast,
bei Nacht und im Tunnel: Lichter verschiedener Farben.

Die Verwendung verschiedener Signalmittel zu verschiedenen Zeiten oder gar wie bei der Stadtschnellbahn auf einer Fahrt und Strecke, nämlich über Tage und im Tunnel, ist zweifellos ein Mangel. Zwar hat man ihn bisher noch nicht als so bedeutend angesehen, daß man das System umgestaltet hätte, doch könnte sich die allgemeine Anschauung einmal ändern. Der Wunsch, tag- und nachtgleiche Signalbilder zu schaffen, hat zu Folgendem geführt:

1. Lichter werden auch bei Tage verwendet. Die Anordnung ist in Amerika durchgeführt worden, angeblich mit gutem Erfolge.

2. Flügelsignale werden auch bei Dunkelheit verwendet. Dazu kann entweder der Flügel beleuchtet werden oder er wird bei Dunkelheit durch eine Punktreihe ersetzt.

Alle unsere Hauptsignale sind auf Fernsichtbarkeit aufgebaut, d. h. der Signalbefehl muß bereits beim Insichtkommen des Signals befolgt werden. Am deutlichsten kommt das beim Haltesignal zum Ausdruck, wo der Zug noch vor dem Signal zum Stehen kommen muß. Nicht auf Fernsichtbarkeit aufgebaut ist allein das Vorsignal, wo der Signalbefehl erst im Augenblick des Vorbeifahrens zur Geltung kommt.

Die Mängel der Fernsichtbarkeit für einen Präzisionsbetrieb lassen sich so zusammenfassen: Der Augenblick, wo die Bremsung einzusetzen hat, ist nicht eindeutig festgelegt, sondern ganz schwankend. Einmal hängt er von der Sichtigkeit der Luft und dem Sehvermögen des Fahrers ab, zum andern verleitet er dazu, bei Halt zeigendem Signal zu zeitig zu bremsen und damit Zeit zu verlieren, wenn das Signal im letzten Augenblick doch noch die Weiterfahrt freigibt, oder dazu, daß der Fahrer im Vertrauen darauf, daß das Signal sich doch noch umstellt, zu weit fährt. Grade bei dichtester Zugfolge muß der Fahrer damit rechnen, daß die Weiterfahrt erst im letzten Augenblick gestattet wird, er wird also besonders zu dem zuletzt erwähnten Fehler neigen.

Arbeitstechnisch wäre es demgegenüber richtig, daß der Augenblick, wo das Signal in Geltung tritt, eindeutig festliegt und daß das Gefahrmoment des Zuspätbremsens ausgeschaltet wird. Diese Forderungen würden bei folgender Anordnung erfüllt:

1. Das Signal erteilt seinen Befehl erst in dem Augenblick, wo der Führerstand an ihm vorbeifährt. Dann könnten auch einheitlich Lichter verwendet werden, die zwar geringere Sichtweite haben, aber wegen ihres geringen Raumbedarfs für Stadtschnellbahnen besonders geeignet sind. Daß den Lichtern eine gewisse Fernsichtbarkeit eigen ist, ist ein Vorteil: der Führer wird damit auf die Handlung vorbereitet, die er in dem Augenblick, wo der Signalbefehl zur Wirkung kommt, vorzunehmen hat.

2. Die automatische Fahrsperre liegt soweit hinter dem Signal, daß sie von dem zum Stillstand kommenden Zuge nicht mehr erreicht wird, also nicht in Wirksamkeit tritt, wenn der Führer im richtigen Augenblick gebremst hat.

3. Die eingeleitete Bremsung muß zwangläufig mit einer ganz bestimmten Mindeststärke bis zu Ende durchgeführt werden, also bis der Zug steht. Erneutes Anfahren vor Freigabe der vorliegenden Strecke ist nicht möglich, da der Fahrstrom fortgenommen ist und erst im Augenblick der Freigabe wieder eingeschaltet wird.

Ein besonderer Vorteil dieser Anordnung würde noch der sein, daß dasselbe System ohne Abänderung auch für den Fall verwendet werden kann, wo die Signale versagen, wofern nur die Wegschaltung des Fahrstromes in den blockierten Strecken bestehen bleibt.

Es ist ferner ein großer Vorteil, wenn der Fahrer sich nicht im unklaren ist, was für ein Signalbild er am nächsten Signal zu erwarten hat. Er muß dazu über die Lage seines Vorzuges einigermaßen unterrichtet sein. Erst dadurch kann überhaupt eine gleichmäßigere Zugbewegung, das Ideal jeder Förderung, erreicht werden. Das Unterrichtetsein käme darin zum Ausdruck, daß der Führer genau weiß, in welchem Abschnitt sich der nächste vor ihm fahrende Zug befindet. Will man nun von Vorsignalen ganz absehen — und das ist bei Wegfall der Fernsichtbarkeit wohl möglich! — so müßte man am Signal durch verschiedene Stellung des Flügels oder verschiedene Lichter die Besetzung der nächsten Abschnitte zum Ausdruck bringen.

Es würde also beispielsweise bedeuten:

	Formsignal:	Lichtsignal:	Signalbegriff:	Bedeutung:
1.	Flügel wagerecht	rot	Halt	Vorläufer im nächsten Abschnitt.
2.	Flügel senkrecht	orange	Vorsicht	Vorläufer im übernächsten Abschnitt.
3.	Flügel unter 45° geneigt	grün	Frei	Vorläufer ist über den übernächsten Abschnitt hinaus.

Wie dem Verfasser nachträglich bekannt wurde, ist ein ähnliches System in Amerika bereits zur Anwendung gelangt.

Für die gesamte Signalbefolgung ist der Grundsatz bestimmend, daß stets eine automatische Sicherung für den Fall besteht, wo der Fahrer versagen sollte. Die Durchbildung dieser automatischen Sicherungen ist größtenteils ein rein technisches Problem, für die Arbeitskunde käme es nur darauf an, festzustellen, in welchen Fällen ein Versagen des Fahrers gefährlich ist. Die Durchbildung der Sicherungen muß so erfolgen, daß dadurch nicht das Gegenteil ihres Zweckes erreicht wird. Der Fahrer darf keinesfalls zur Nachlässigkeit verleitet werden, sondern er muß wissen, daß er gerade durch die selbsttätige Überwachung mit Sicherheit zur Rechenschaft gezogen wird, da jede Unregelmäßigkeit automatisch zur Anzeige kommt. Ein besonders gutes Beispiel einer automatischen Kontrolle, ob ein Haltesignal überfahren worden ist, ist eine von Siemens & Halske in den Handel gebrachte Einrichtung. Bei ihr ertönt im Augenblick des Überfahrens des Halt zeigenden Signals in der Überwachungsstelle eine Glocke und ein Zählerwerk rückt um eine Nummer weiter. Da ein Eingriff in das Zählerwerk ausgeschlossen ist, so kann die Untersuchung über den Vorfall nicht unterdrückt werden, sie hätte unter der Nummer des Zählerwerkes zu erfolgen.

VI. Schaffung günstigster Arbeitsbedingungen für das Fahrpersonal.

Es wird genügen, wenn wir unsere Erörterungen über die günstigsten Arbeitsbedingungen nur auf das eigentliche Fahrpersonal, die Fahrer, ausdehnen; die verschiedenen anderen mit der Zugförderung zusammenhängenden, aber doch weniger wichtigen Tätigkeiten des Zugbegleiters, des Stationsbeamten, der Türschließer, der Stellwerkswärter usw. lassen sich dann entsprechend untersuchen. Auch beim Fahrer können nicht alle in Frage kommenden Momente aufgeführt, vielmehr soll nur von den wichtigsten gesprochen werden.

1. Bedienungseinrichtungen.

Für ihre Anordnung und Durchbildung ist der Grundsatz maßgebend, daß das gesteckte Ziel mit möglichst geringem Kraftaufwand zu erreichen ist. Die Tätigkeiten müssen daher möglichst von den größeren auf die kleineren Muskelgruppen übertragen werden. Im übrigen soll die Ausgestaltung den für die einzelnen Arbeiten gestellten Präzisionsforderungen möglichst angepaßt werden. Der Weg dazu ist in den vorhergehenden Abschnitten verschiedentlich angedeutet worden, läßt sich aber noch weiter ausbauen. Für die Anordnung ist ebenfalls der geringste Kräfteverbrauch und die Anpassung an die Präzisionsforderung bestimmend. Wir geben im folgenden ein Beispiel, das zwar nicht direkt dem städtischen Schnellverkehr entnommen, aber sich doch zur Erläuterung besonders eignet.

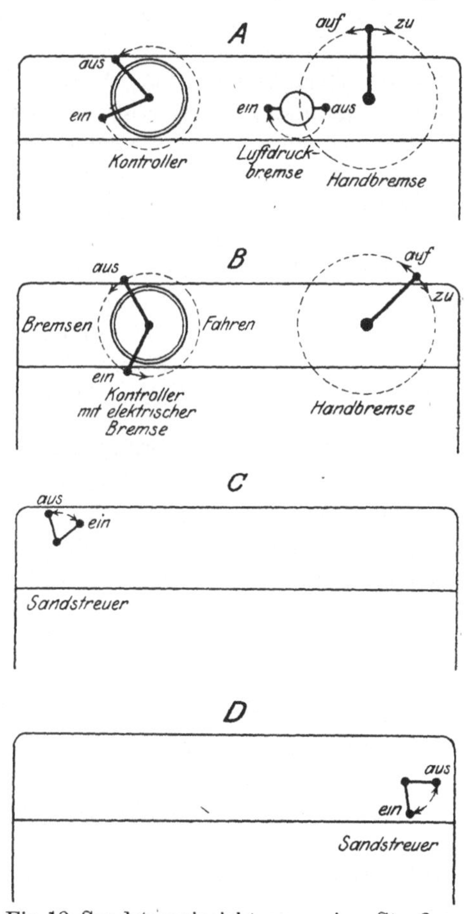

Fig. 12. Sandstreueinrichtungen eines Straßenbahnwagens.

Es handelt sich um den Hebel zur Betätigung der Hand-Sandstreuvorrichtung eines Straßenbahnwagens im Gefahrfalle. Im wesentlichen sind die zwei in Fig. 12 angegebenen Anordnungen der Brems- und Schalthebel üblich.

Bild A zeigt links den Kontroller, rechts die Luftdruckbremse, Bild B links den Kontroller mit elektrischer Bremse, rechts die Handbremse. Die Pfeile geben in beiden Fällen die vorzunehmenden Bewegungen bei einer Bremsung an: Bild A Ausschalten und Betätigung der Luftdruckbremse, Bild B Ausschalten und Betätigung der elektrischen Bremse. Kommt der Wagen ins Rutschen, macht sich also die Betätigung der Sandstreuvorrichtung notwendig, so ist es fahrtechnisch zweckmäßig, mitunter geradezu notwendig, gleichzeitig mit dem Sandstreuer die Bremse zu lösen und wieder anzuziehen. Die eine Hand muß also am Bremshebel liegen bleiben, die andere steht für den Sandstreuer zur Verfügung. Es ist das bei der Anordnung A die linke Hand, bei der Anordnung B die rechte Hand. Der Sandstreuhebel würde also bei Bild A nach der in C dargestellten Weise, bei Bild B nach der in D dargestellten Weise anzubringen sein. Tatsächlich kommen beide Anordnungen der Sandstreuhebel in der Praxis vor, nur ist nicht immer die richtige Anordnung an der richtigen Stelle zu finden.

2. Kleidung, Heizung, Lüftung.

Die Wahl einer zweckentsprechenden Führerbekleidung beeinflußt die Leistungsfähigkeit ganz erheblich, besonders hängt die Ermüdung nicht unbeträchtlich davon ab. Es sei auch besonders daran erinnert, daß die durch die Kälte hervorgerufene geringe Beweglichkeit der Finger eine Präzisionsarbeit wesentlich erschwert.

Dasselbe gilt auch von der Heizung und Lüftung. Man kann bei den vorhandenen Bahnen häufig beobachten, daß die Fahrer in dem ihnen zur Verfügung stehenden geringen Raume recht unter Temperatur und Luftbeschaffenheit leiden. Die dadurch hervorgerufenen Erkrankungen, selbst wenn sie nur leichter Natur sind, schädigen stets infolge der notwendigen Veränderungen im Dienstplan den gleichmäßigen Dienstbetrieb, ganz abgesehen davon, daß die Leistungsfähigkeit und ihre Schwankungen einer ebenso sorgfältigen Beobachtung bedürfen wie die technischen Einrichtungen, will man **wirklich dauernd** einwandfreie Leistungen erreichen.

3. Ablenkung.

Das Fahren eines Schnellbahnzuges stellt an die Konzentration des Fahrers große Anforderungen. Es ist daher wichtig, diesem alle Einflüsse fern zu halten, die ihn bei seiner Tätigkeit möglicherweise stören könnten. Erfahrungsgemäß lenkt am meisten das gesprochene Wort ab. Der Führerstand muß also nicht nur so weit abgeschlossen sein, daß eine unmittelbare Unterhaltung mit dem Fahrer unmöglich ist, er muß vielmehr auch dagegen sichern, daß der Fahrer die von den Fahrgästen geführten Unterhaltungen hört. Als Ersatz für das ihm während des Fahrdienstes auferlegte Schweigen muß ihm dann aber auch Gelegenheit gegeben werden, sich in den Betriebspausen genügend zu unterhalten.

Ferner ist jedes Übermaß von Licht schädlich, der Fahrer ist also dagegen zu schützen. Am Tage ist am störendsten die Blendung durch Sonnenlicht, bei Nacht durch blendende Straßenbeleuchtung oder Lichtreklame. Da die Hauptwirkung der Blendung in den vorliegenden Fällen wahrscheinlich auf der Wirkung der ultravioletten Strahlen auf das Auge beruht, empfiehlt es sich, für die Führerstände Glasscheiben zu verwenden, die diese Strahlen absorbieren. Auch jalousieartige Abdeckungen oder Sehschlitze kommen in Betracht. Unter Tage dürfte es sich empfehlen, die eigentliche Strecke nicht zu beleuchten. Das von den Zügen mitgeführte Scheinwerferlicht genügt vollständig, während die vielen Lampen den Führer unnötig ermüden. Der Fortfall der Streckenbeleuchtung hat außerdem den Vorteil, daß viel Strom gespart und daß das Herannahen der Züge durch das Bewachungs- und Ausbesserungspersonal besser wahrgenommen wird. Diese und andere Möglichkeiten der Ablenkung sind bei wiederholter Mitfahrt im Führerstand unschwer zu erkennen.

4. Besondere Einrichtungen gegen Ermüdung.

Ein planmäßiges Ausschalten aller den Fahrer unnötig ermüdenden Momente kann zu manchen zum Teil recht erheblichen Verbesserungen führen. Wir nennen als solche hauptsächlich das Stehen des Fahrers. Es widerspricht den gemachten Erfahrungen und ist überdies vollständig unverständlich, vom Fahrer zu verlangen, daß er stehen soll. Durch das Stehen wird er nicht nur unnötig ermüdet, vielmehr ist auch die unmittelbare Übertragung der Erschütterungen auf den Körper, und zwar letzten Endes auf die Wirbelsäule, in hohem Maße schädlich, wie der Lokomotivfahrdienst zeigt. Man denke einmal an die Entwicklung, die die Führersitze der Flugzeuge in kurzer Zeit durchgemacht haben, nachdem man ihre Bedeutung einmal erkannt hatte. Eine ähnliche Entwicklung der Bahnführerstände steht noch aus.

5. Entlohnung.

Auch die Frage der Entlohnung gehört hierher, sogar aus zwei Gründen: erstens ist von ihrer Lösung die ganze Leistungsfähigkeit des Fahrers abhängig, die sich vornehmlich aus seiner allgemeinen Lebenshaltung, vor allem Wohnung und Ernährung ergibt, zweitens hängt die Arbeitsfreudigkeit aufs engste damit zusammen. Wir können hier auf die Bedeutung der Arbeitsfreudigkeit, der ganzen inneren Stellung zur Arbeit für das Leistungsergebnis nicht näher eingehen. Es handelt sich da um ein großes und wichtiges Gebiet, das in der Praxis längst noch nicht genügend gewürdigt wird.

Diese kurzen Hinweise mögen genügen, um zu zeigen, daß und wie die Berücksichtigung der ganzen Arbeitsbedingungen von Einfluß auf die Leistungsfähigkeit und auf die Leistung sein kann.

VII. Auswahl, Ausbildung, Prüfung und Weiterbildung des Fahrpersonals.

Je größere Präzision eine Tätigkeit erfordert, desto sorgfältiger muß die Auswahl und Behandlung des Menschenmaterials vor sich gehen. Neben den allgemeinen Grundsätzen kommen da eine Reihe von besonderen Aufgaben in Frage, die wir mit Auswahl, Ausbildung, Prüfung und Weiterbildung bezeichnen wollen. Diese Einzelaufgaben grenzen sich folgendermaßen ab:

1. Auswahl. Aus der Menge der zur Verfügung stehenden Bewerber werden die geeigneten ausgesucht bzw. die ungeeigneten ausgeschieden.

2. Ausbildung. Die für geeignet Befundenen werden auf die von ihnen zu leistende Arbeit eingerichtet.

3. Prüfung. Die Ausbildung findet mit einer Prüfung ihren Abschluß, nach ihr wird der Arbeitende zur selbständigen Tätigkeit freigegeben.

4. Weiterbildung. Mit der Prüfung darf aber die Überwachung der Leistung und die Anleitung zu weiterer Vervollkommnung des Arbeitenden nicht beendet sein, hier beginnt vielmehr erst die feinere Arbeit. Zur Weiterbildung gehört auch die erneute Anleitung bei Veränderung der Arbeitsbedingungen oder bei einer wesentlichen Veränderung der Leistungsfähigkeit.

Im einzelnen ist zu den vier Punkten unter besonderer Berücksichtigung der Schnellbahnführung folgendes zu sagen:

Zu 1. Die Auswahl der Geeigneten oder die Fernhaltung der Ungeeigneten setzt genaue Kenntnis der zu stellenden Anforderungen voraus, die nur durch die Analyse der Arbeitsleistung zu gewinnen ist. Die Anforderungen können körperlicher oder seelischer Art sein; dabei sind in den letzteren auch die sogenannten moralischen Anforderungen enthalten, die ja als Willensvorgänge ins psychische Gebiet fallen. Zur Feststellung, ob der Anwärter die geforderten Eigenschaften besitzt, dienen u. a. experimentelle Methoden verschiedener Art. Gerade zur Prüfung auf Brauchbarkeit für die Fahrzeugführung liegen bereits eine ganze Reihe von Vorschlägen vor, nach denen z. T. in der Praxis gearbeitet wird. Bereits vor dem Kriege waren Untersuchungen über die Auswahl der Straßenbahnführer (Münsterberg) ausgearbeitet, die inzwischen ergänzt und erweitert wurden (Stern, Piorkowski, Tramm). Im Kriege haben die Wege zur Untersuchung von Kraftwagenführern und Fliegern eine bisher unbekannte sorgfältige Durcharbeitung erfahren. Neuerdings besteht bei der sächsischen Staatsbahn auch ein Laboratorium zur Prüfung des Fahrpersonals für den Eisenbahndienst.

Grundsätzlich sind zwei verschiedene Wege zu unterscheiden, die bei der Untersuchung angewendet werden können: die

Untersuchung der Gesamtleistung und die Zerlegung in Einzelfunktionen und deren Prüfung; über die Einzelheiten enthält die Literatur das Nähere. Uns scheint für den vorliegenden Fall der Schnellbahnführerprüfung der letztere Weg der geeignetere. Bei der Festsetzung der Untersuchungsverfahren muß der Techniker mit dem Psychologen zusammenarbeiten. Beider Arbeit muß sich ergänzen, am besten wäre es, wenn der Techniker über genügend psychologische Schulung verfügte, um selbständig entscheiden zu können. Dies erscheint um so wichtiger, als der Fachpsychologe leicht geneigt sein wird, die Untersuchung weiter zu treiben, als für die Verhältnisse der Praxis notwendig oder wünschenswert ist.

Zu 2. Auf die Ergebnisse der Auswahl baut sich die Ausbildung auf. Die dort festgestellten physischen und psychischen Mängel und Schwächen sollen hier überwunden werden. Dabei wird sich zeigen: je sorgfältiger und je mehr mit Rücksicht auf die praktischen Anforderungen die Auswahl erfolgt ist, desto einfacher und erfolgreicher wird die Ausbildung sein.

Kenntnisse und Fertigkeiten werden für die praktische Tätigkeit gefordert:

a) Kenntnisse. Von größter Bedeutung für eine wirklich erstklassige Leistung ist Kenntnis der Wirkungsweise des ganzen technischen Apparates und Verständnis für seine Beeinflussung durch die Arbeit des Führers. Der Führer muß in jedem im normalen Betriebe vorkommenden Falle in der Lage sein, selbständig zu beurteilen, wie er durch seine Tätigkeit das Beste aus der technischen Einrichtung herausholen kann, wie er gleichzeitig aber auch den technischen Apparat am meisten schont. Gerade in der Vereinigung dieser beiden Forderungen liegt die wirkliche Fahrkunst. Welche Präzisionsanforderungen der städtische Schnellbahnbetrieb an den Fahrer stellt, ist bereits kurz besprochen worden. Sie lassen sich nur dann erfüllen, wenn eine planmäßige und auf die Eigenart des Führers aufgebaute Ausbildung stattfindet. Beispielsweise wäre dem Führer das Verständnis für die kinetische Energie eines fahrenden Zuges und die sich daraus ergebenden Schwierigkeiten der Bremsung beizubringen, die Einflüsse von Steigung, Belastung, innerer und äußerer Reibung wären nicht nur zu erklären, sondern durch Modelle, Versuche und andere Lehrmittel zu veranschaulichen.

b) Fertigkeiten. Mit Kenntnissen allein führt man keinen Zug, vielmehr muß damit die Schulung des Gefühls Hand in Hand gehen. Hier wären Versuchsfahrten, Besprechung gemachter Fehler, Beobachtung besonders guter und besonders mangelhafter Fahrten und dgl. am Platze. Der Fahrer muß ein sicheres Gefühl für die Geschwindigkeit, Beschleunigung oder Verzögerung des Zuges gewinnen, er muß sich gewöhnen, „nach dem Gefühl" zu fahren und die Anzeigeapparate nur als gelegentliche Kontrollen anzusehen. Es scheint mir nicht ganz sicher, ob das vielfach übliche Verfahren, die Fahrschüler gleich im Betrieb, wenn auch unter Aufsicht und Anleitung, arbeiten zu lassen, richtig ist.

Ein grundsätzlicher Fehler wird aber sicher in der Ausbildung gemacht: das Ausbildungspersonal ist nicht entsprechend vorgebildet. Nicht nur beim Schnellbahnverkehr, sondern fast durchweg in der technischen Praxis nimmt man an, daß derjenige, der seine Arbeit selbst versteht, auch imstande ist, sie andere zu lehren. An Stelle dieser Planlosigkeit sollte aber ein genauer Ausbildungsplan und eine entsprechende Anleitung des Ausbildungspersonals treten. Die Aufsicht über die Ausbildung müßte einem entsprechend, d. h. auch als Erzieher, vorgebildeten Manne übertragen werden, der sich, und das ist hier besonders wichtig, seiner Aufgabe mit Lust und Liebe unterzieht.

Zu 3. Die Prüfung soll die Beendigung der Ausbildung erweisen, somit die Fähigkeit, selbständig zu arbeiten. Es ist daher durchaus nicht notwendig, durch eine oder mehrere Prüfungsleistungen den Beweis zu führen. Im Gegenteil, bei einem solchen Verfahren gewinnt der Prüfende häufig nur einen zufälligen Eindruck, der von der augenblicklichen Disposition des Prüflings abhängt. Immerhin soll ja auch die schlechteste Leistung immer noch so sein, daß die Prüfung bestanden wird, sonst ist eben die Ausbildung noch nicht beendet. Das Richtigere wäre aber trotzdem, die Ausbildung für beendet zu erklären, wenn der Fahrlehrer dies für zulässig erachtet und der Aufsichtsbeamte bei gelegentlichen Prüfungen das Urteil des Fahrlehrers als zutreffend befunden hat.

Um eine wirklich gründliche Beurteilung zu gewinnen, auf Grund deren die Berechtigung zum selbständigen Fahren erteilt werden kann, ist es nötig, nicht nur ein Gesamturteil zu fällen, sondern in die Einzelheiten zu gehen. Gerade beim Fahrer, wo das Versagen in einer einzigen Teilleistung unabsehbare Folgen nach sich ziehen kann, ist das besonders wünschenswert, wenn auch die Praxis noch nicht entsprechend verfährt. Eine solche Beurteilung müßte sich an das Ergebnis der Auswahl anschließen, also an die Fähigkeiten und Anlagen des Fahrers. Je nachdem würden sich dann Fortschritte ergeben oder es würde sich zeigen, daß sich gewisse bedenkliche Eigentümlichkeiten durch die Ausbildung nicht haben beseitigen lassen. An die Stelle der äußerlichen Beurteilung der Leistung würde dann die Beurteilung der Leistungsfähigkeit treten. Daß ein solches Verfahren eine andere Schulung des Ausbildungs- bzw. Prüfungspersonals erforderlich macht, als zurzeit üblich, ist selbstverständlich, ein Fehler würde es zweifellos nicht sein. So schwierig wie die vorgeschlagene Art der Beurteilung aussieht, ist sie nicht, sie entspricht der ärztlichen Untersuchung auf Tauglichkeit. In beiden Fällen wird keine positive Beurteilung des Vorgefundenen gefordert, sondern nur die Feststellung von Mängeln, in anderen Fällen lautet das Urteil eben: „ohne Befund".

Zu 4. Der Wert verständnisvoller Weiterbildung wird vielfach zu gering eingeschätzt. Die Leistungen lassen sich nämlich nicht nur noch durch Übung unter Anleitung steigern — gerade bei Präzisionsarbeit — sondern sie können sich bei fehlender Weiterbildung ganz erheblich verschlechtern. Hier aber erst bei groben Fehlern einzugreifen, ist bedenklich. Eine fortlaufende mit Belehrung und Anleitung verbundene Überwachung ist deshalb von großem Vorteil, sie wäre durch dasselbe Personal auszuführen wie bei der Ausbildung und Prüfung. Die Personalakten über alle Fahrer wären dauernd zu ergänzen. Von größter Wichtigkeit wird aber eine Weiterbildung nach einmal eingetretenen Unfällen des betreffenden Fahrers, oder nach gewissen Erkrankungen. Kann sich doch im Laufe der Zeit die körperliche und psychische Disposition des Mannes so sehr ändern, daß ein vorher guter Fahrer völlig ungeeignet wird, in diesem Sinne wirkt z. B. vorgeschrittenes Alter.

Es ist nicht ausgeschlossen, daß in Anbetracht der großen Bedeutung und des großen Umfanges, die der Fahrzeugführerberuf heute schon hat, eine gesetzliche Regelung der Führerfrage eintritt. Anzeichen dafür sind bereits vorhanden. Solange das aber noch nicht der Fall ist, sollte jeder Betrieb im eigensten Interesse am Weiterbau arbeiten.

Zusammenfassung.

1. Gegenüber den bisherigen Untersuchungen der Betriebswissenschaft, die sich vorwiegend mit Fabrik- und Baubetrieb befassen, wird die Bedeutung der Arbeitskunde für die Verkehrstechnik, besonders die des Personenverkehrs, betont.

2. An einem Beispiel aus der Technik des Personenverkehrs sollte die Bedeutung arbeitskundlicher Fragen für die Lösung technischer Betriebsaufgaben behandelt werden. Als solches Beispiel wurde die größte Zugdichte im städtischen Schnellbahnverkehr gewählt; aus ihrer Untersuchung ergaben sich eine Reihe arbeitstechnischer Forderungen, die in den folgenden Abschnitten näher erläutert wurden.

3. Da es sich nur um ein Beispiel handelte, wurden gewisse Voraussetzungen angenommen, z. B. elektrischer Betrieb, selbsttätige Signalbedienung. Auch wurden alle Zahlenwerte fortgelassen, da die Untersuchung unter Vermeidung aller wirtschaftlichen Erwägungen lediglich zeigen sollte, wo überall Arbeitsprobleme stecken und wie bei ihrer Lösung vorzugehen ist.

4. Bei eingehender Bearbeitung des gewählten Beispiels für die Praxis würde der Abschnitt über die allgemeinen Voraussetzungen der dichtesten Zugfolge einer allgemeinen Analyse der Vorgänge entsprechen. Für die daraus folgenden Fragen wäre dann in jedem einzelnen Falle zunächst eine weitergehende Analyse der Vorgänge, dann aber, soweit nötig, eine qualitative und quantitative Analyse der Beanspruchungen notwendig.

Literatur[1]).

I. Bücher, Broschüren, größere Abhandlungen.

Abbe, Gesammelte Abhandlungen. Bd. III. 1906.

Borst, Das sogenannte Taylorsystem vom Standpunkt des Organisators aus betrachtet. 1914.

Boruttau, Die Arbeitsleistungen des Menschen. 1916.

Bücher, Arbeit und Rhythmus. 3. Aufl. 1909.

Dietrich, Betrieb-Wissenschaft: 1914.

Dodge, J. W., Industrielle Betriebsführung. 1913.

Eisenbahnsignalordnung 1907.

Die Eisenbahntechnik der Gegenwart, herausgegeben von Blum, v. Borries und Barkhausen. 1897/1914.

Eulenburg, Neue Wege der Wirtschaft. 1919.

Feeg, Unfallverhütung. 1912.

Foerster, Lebensführung. 1918.

—, Jugendlehre. 1912.

Giese, Die Reisegeschwindigkeiten von Schnellbahnen, Straßenbahnen und schnellfahrenden Straßenbahnen, 1916.

Gilbreth, Motion study. 1911.

Gilbreth-Colin Roß, Das A B C der wissenschaftlichen Betriebsführung. 1917.

Goldscheid, Höherentwicklung und Menschenökonomie. Bd. I. 1911.

Goldstein, Die Technik, Sammlung sozialpsychologischer Monographien. Bd. 40. Frankfurt a. M., ohne Jahr.

Graetz, Die Elektrizität und ihre Anwendungen. 12. Aufl. 1906.

Grotjahn, Die hygienische Forderung. 1917.

Grundriß der Sozialökonomie. II. und VI. Abteilung. 1914.

Herkner, Die Bedeutung der Arbeitsfreude in Theorie und Praxis der Volkswirtschaft. 1905.

Hinnenthal, Eisenbahnfahrzeuge. 2 Bde. 1910.

Holitzscher, Gewerbliche Gesundheitslehre. 1904.

Hütte, (Des Ingenieurs Taschenbuch). 3 Bde. 1908.

Kemmann, Vorstudien zur Einführung des selbsttätigen Signalsystems auf der Berliner Hoch- und Untergrundbahn. 1914.

---

[1]) Aufgeführt sind diejenigen Bücher usw., die entweder als Quellen für die vorliegende Arbeit in Betracht kommen oder zur Vertiefung in Einzelfragen geeignet sind.

Kraepelin, Über geistige Arbeit. 1894.
—, Die Arbeitskurve. Philosophische Studien. 1902. Bd. 19.
Kreibig, Die fünf Sinne des Menschen. 1913.
Lay, Experimentelle Pädagogik. 2. Aufl. 1912.
—, Experimentelle Didaktik. 1910.
v. Lindheim, Saluti senectutis. 2. Aufl. 1909.
Lipmann, Psychologische Berufsberatung (Ziele, Grundlagen, Methoden). 1917.
Mayer, Die Anregungen Taylors für den Baubetrieb. 1915.
Mosso, Die Ermüdung. Deutsch von Glinzer. 1892.
Münsterberg, Psychologie und Wirtschaftsleben. 1913.
—, Grundzüge der Psychotechnik. 1914.
Ostwald, Der energetische Imperativ. 1912.
Peters, Einführung in die Pädagogik. 1916.
Piorkowski, Die psychologische Methodologie der wirtschaftlichen Berufseignung. 2. Aufl. 1919.
Rathenau, Die neue Wirtschaft. 1918.
Riedel, Johannes, Arbeitsrationalisierung. Zahn & Jaensch 1919
Rubner, Volksernährungsfragen. 1908.
Sachsenberg, Grundlagen der Fabrikorganisation. 1917.
Schanz, Die Wirkung der kurzwelligen, nicht direkt sichtbaren Lichtstrahlen auf das Auge. S.-A. 1915.
Scherl, Ein deutsches Schnellbahnsystem. 1909.
Schlesinger, Betriebsführung und Betriebswissenschaft. 1913.
Schreiber, Das Prüflaboratorium für Berufseignung bei den kgl. sächs. Staatseisenbahnen. Zeitschrift des Vereins deutscher Ingenieure. S.-A. 1918.
Schulze, Aus der Werkstatt der experimentellen Psychologie. 3. Aufl. 1913.
Seeunfälle aus neuerer Zeit. 1913.
Stern, Über eine psychologische Eignungsprüfung für Straßenbahnfahrerinnen. 1918.
—, Jugendkunde. 1916.
Seubert, Aus der Praxis des Taylorsystems. 1914.
Taschenbuch für Bauingenieure. 1911.
Taylor-Walichs, Die Betriebsleitung, insbesondere der Werkstätten. 3. Aufl. 1916.
Taylor-Rößler, Die Grundsätze wissenschaftlicher Betriebsleitung 2. Aufl. 1912.
Tigerstedt, Lehrbuch der Physiologie. 1893.
Ulmer, Signale in Krieg und Frieden. 1903.
Unfallverhütung und Betriebssicherheit. Herausgegeben von Schlesinger und Hartmann. 1910.
Untersuchungen über Auslese und Anpassung (Berufswahl und Berufsschicksal) der Arbeiter in den verschiedenen Zweigen der Großindustrie. Schriften des Vereins für Sozialpolitik. Bd. 133, 134, 135. 1910/11.

Weber, Zur Psychophysik der industriellen Arbeit. Archiv für Sozialwissenschaft und Sozialpolitik. Bd. 27, 28. 1908/09.

Weiser, Medizinische Kinematographie. 1919.

Wundt, Grundriß der Psychologie. 2. Aufl. 1907.

—, Einführung in die Psychologie. 1913.

II. Zeitschriften.

1. Archiv für exakte Wirtschaftsforschung.
2. Archiv für Feuerschutz und Rettungswesen.
3. Automobilwelt.
4. Der Betrieb.
5. Dinglers polytechnisches Journal.
6. Drägerhefte, Hauszeitschrift des Dräger-Werks Lübeck.
7. Elektrische Kraftbetriebe und Bahnen.
8. Elektrotechnische Zeitschrift.
9. Feuerwehrtechnische Zeitschrift.
10. Glückauf.
11. Der Motor.
12. Organ für die Fortschritte des Eisenbahnwesens.
13. Sozialtechnik.
14. Technik und Wirtschaft. Beilage der Zeitschrift des Vereins deutscher Ingenieure.
15. Technische Rundschau, Beilage des Berliner Tageblatts.
16. Umschau.
17. Verkehrstechnische Woche.
18. Vortrupp.
19. Zeitschrift des Vereins deutscher Ingenieure.
20. Zeitschrift für Transportwesen und Straßenbau.
21. Zeitung des Vereins deutscher Eisenbahnverwaltungen.